Hand Made 巧手易

巧手易拼布作品精选 2

首翊股份有限公司 编著

河南科学技术出版社
·郑州·

目 录
CONTENTS

大 陆 第 一 本 专 业 拼 布 图 书

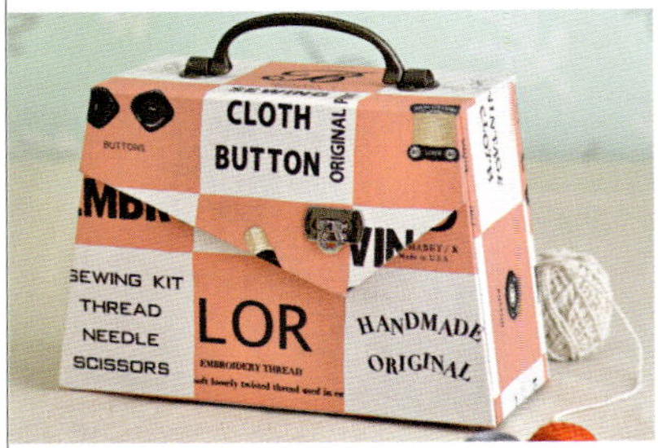

董事长暨发行人 吕世文
财务总监 谢丽闵
执行副总 Anita
董事长特助 / 编辑顾问 苏怡绫
财务经理 Anita Yang
社会顾问 余万停
编辑部
执行编辑 王义馨
编辑 林巧佳 韩欣恬
特约编辑 詹宏人

我爱贴布缝

拼布生活乐园

拼布好朋友

玩布趣

优雅布时光

玩布盒

机缝教室

映衣老师的图形练习簿

衣窕曲线的秘密

拼布的艺术飨宴

■作品设计／隆德贸易有限公司 苏怡绫老师
■情境摄影／萧维刚 ■编辑／Tammy
■美术设计、做法绘图／林巧佳

Tilda Fabrics
Laura-Sweet Christmas系列新布

以欢乐圣诞为主题设计的布款，除了传统热情的圣诞红色，当然也少不了粉嫩的颜色，在华丽中仍保有浪漫的甜美风格，最适合这个季节的装扮了，怎么装饰都好看！

圣诞玫瑰肩背包
裙摆摇摇小包

■完成尺寸：肩背包约长41cm，宽24cm，袋底11cm；小包约长18.5cm，高10.5cm
■附原尺寸图

圣诞玫瑰肩背包

★纸型无缝份，请另加缝份1cm

袋身	尺寸	数量	衬·棉
·袋身(A) 表布	依纸型(A)	2片	(A)、(B)分别烫上厚布衬
·袋身(B) 表布	依纸型(B)	2片	(A)+(B)拼接后烫上单胶棉
·袋身(C) 里布	依纸型(C)	2片	厚布衬及单胶棉
·袋底(D) 表布	依纸型(D)	1片	厚布衬及单胶棉
·袋底(D) 里布	依纸型(D)	1片	厚布衬
·提手	4.5cm×37.5cm	4片	厚布衬
·花朵	16cm×200cm	1片	

How To Make

袋身

1. 表布A、B分别烫上厚布衬，拼接后于正面接合处压装饰线。
2. 步骤1的外袋身表布烫上单胶棉。再依个人喜好做压线装饰。
3. (C)里布烫上厚布衬及单胶棉。
4. (D)表布烫上厚布衬及单胶棉并做压线装饰，(D)里布烫上厚布衬，各抓出中心点。
5. 袋身表布及里布分别先与袋底中心点拼接组合，如图。
6. 车缝表袋两侧，再与袋底缝合。上缘不车。上缘缝份往内烫折。里布做法相同。

1.

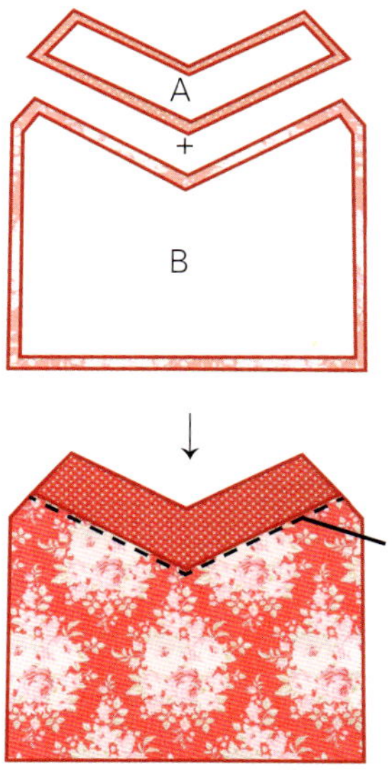

2.

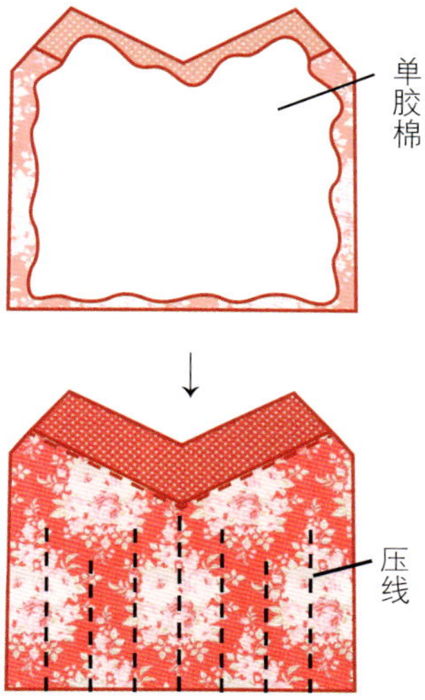

3.

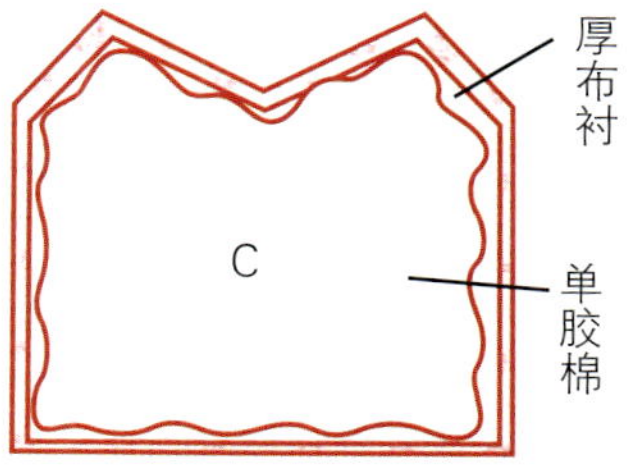

4.

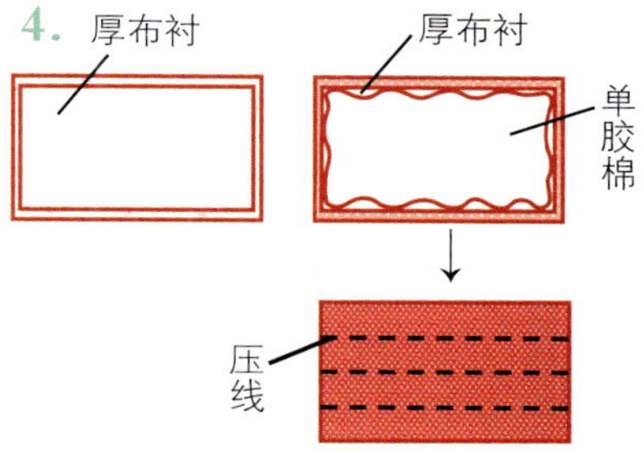

5.

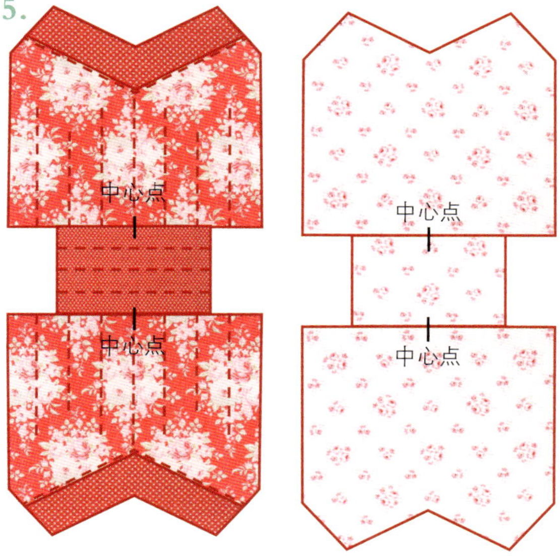

6.

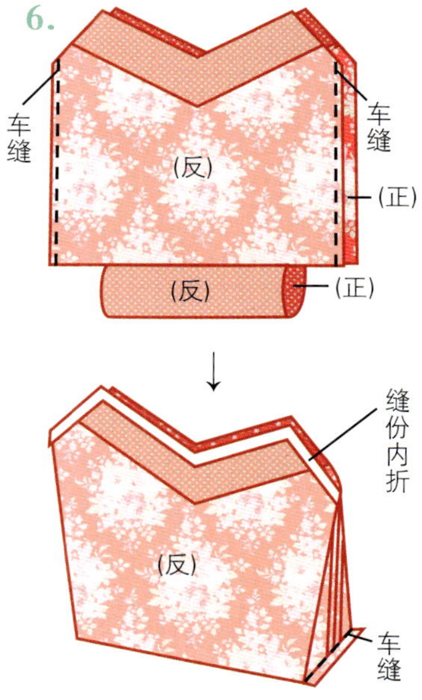

How To Make

提手

7.裁4.5cm×37.5cm(缝份另加1cm)4片布皆烫上厚布衬，并将缝份向内烫折，两片背对背车缝，完成提手。

8.疏缝固定于表袋上。

组合

9.里袋套入表袋内背面相对，沿袋口车缝一圈。

10.肩背包完成。

7.

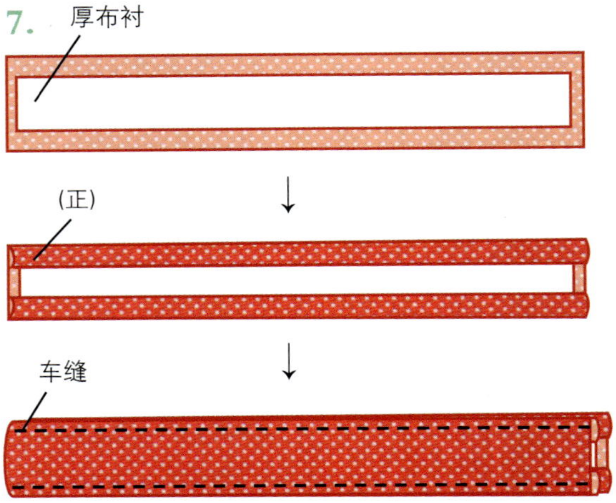

8.

9.

10.

完成图

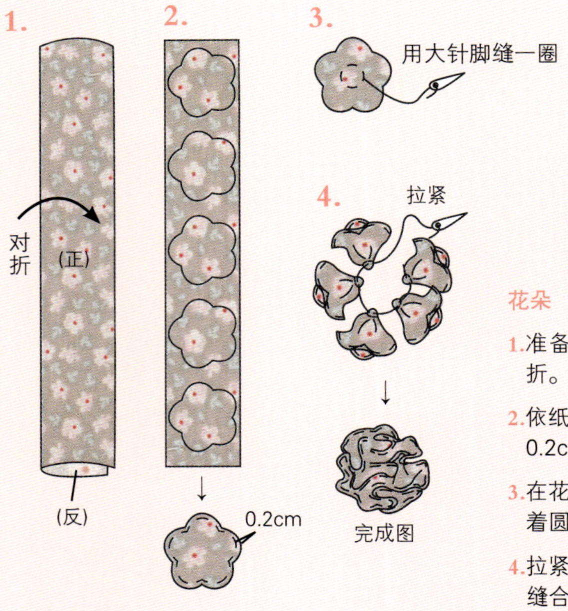

花朵

1.准备16cm×200cm布条，背面相对对折。

2.依纸型画上花朵，再沿线车缝一圈，留0.2cm缝份剪下。一朵立体花需要5片。

3.在花朵中间画一个直径1cm的圆，再沿着圆用大针脚缝一圈。线不剪。

4.拉紧缝线，缝固定即可。再将5片花朵缝合，即成美丽的花朵。

1.

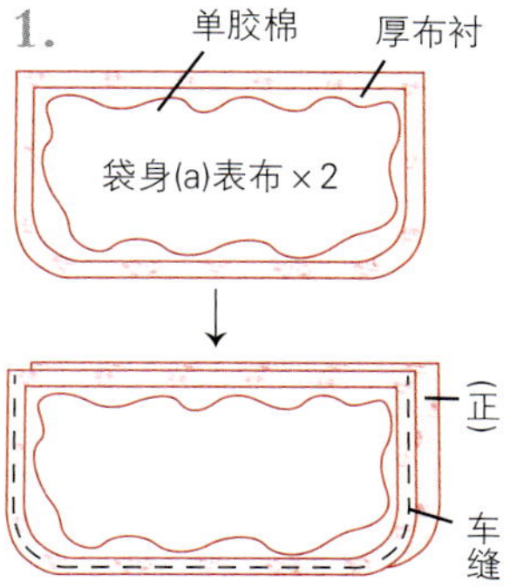

2.

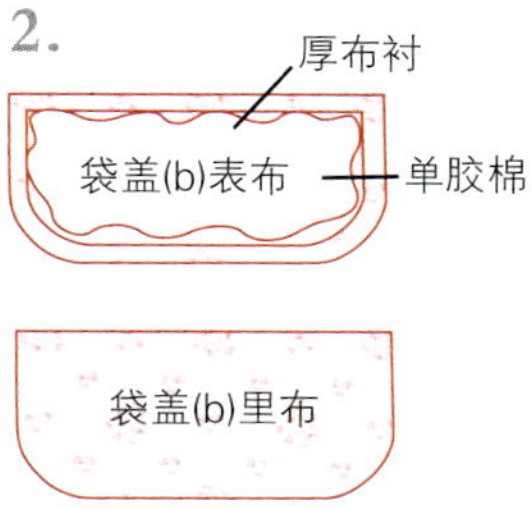

裙摆摇摇小包

★纸型无缝份，请另加缝份1cm

袋身	尺寸	数量	衬・棉
袋身(a)表布	依纸型(a)	2片	厚布衬及单胶棉
袋身(a)里布	依纸型(a)	2片	厚布衬及单胶棉
袋盖(b)表布	依纸型 (b)	1片	
袋盖(b)里布	依纸型(b)	1片	
皱褶布条	3cm×65cm	2片	

How To Make

1.表布(a)烫上厚布衬及单胶棉后，外袋身先组合。
2.表布(b)烫上厚布衬及单胶棉，里布(b)则不烫衬与棉，作为袋盖。
3.裁皱褶布条3cm×65cm2条，正面相对于一侧车缝0.7cm，翻至正面对折烫整。用皱褶压布脚制作褶子。
4.将袋盖夹车荷叶边，固定好车缝U形，再翻回正面。
5.里布(a)车缝U形，并于一侧留返口。
6.袋盖先疏缝于外袋身其中一侧表布上，并各自钉上磁扣。
7.表袋套入里袋内车缝一圈，再从返口翻回正面。
8.袋口压一道装饰线。
9.于袋盖缝上小包扣即完成。

3.

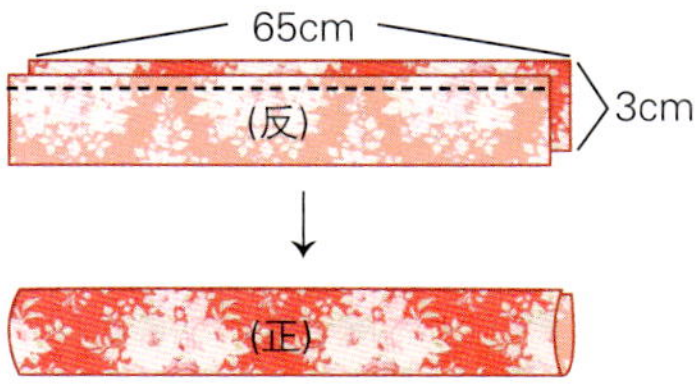

4.

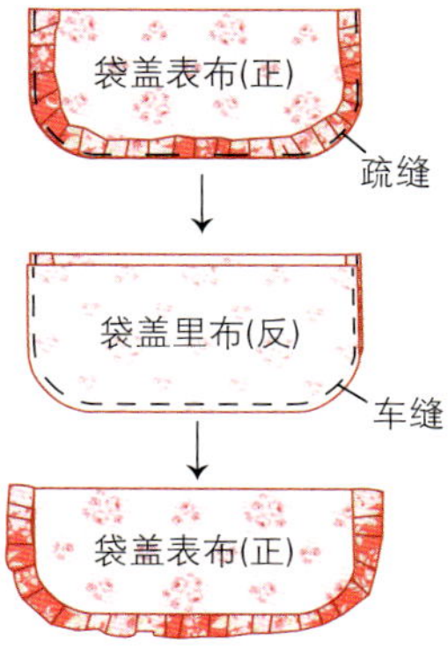

5.

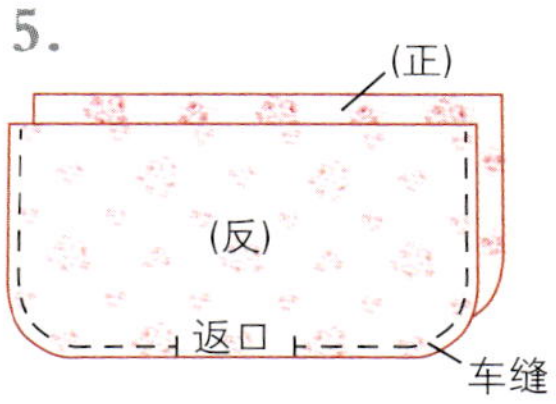

6.

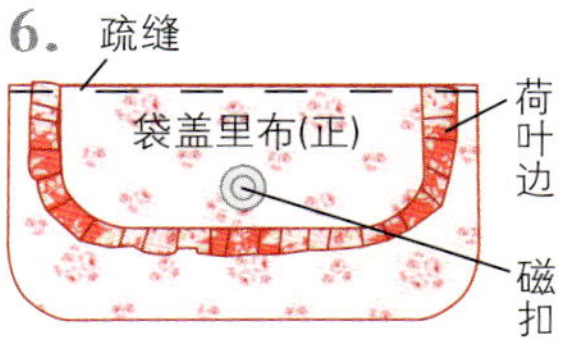

7.

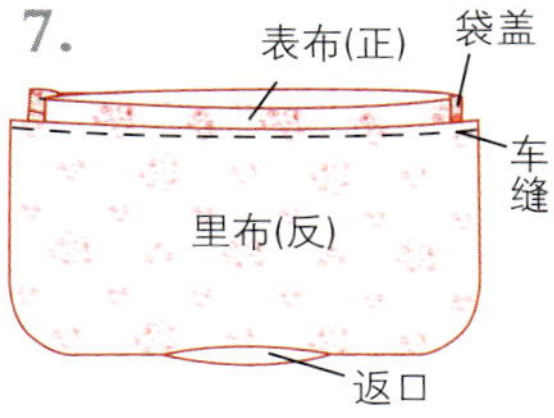

8.

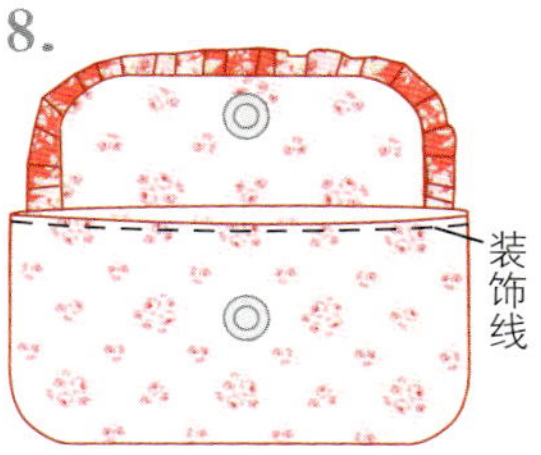

9.

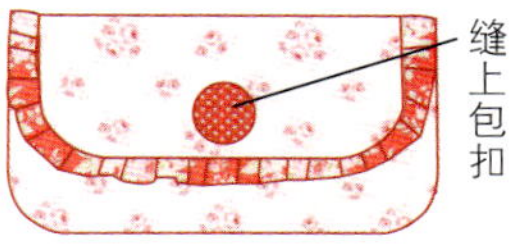

完成图

Tilda Laura- Sweet Christmas系列新布

NO.22A-480575　NO.22A-480584　NO.22A-480582　NO.22A-480568　NO.22A-480586　NO.22A-480578

NO.22A-480574　NO.22A-480567　NO.22A-480581　NO.22A-480583　NO.22A-480585　NO.22A-480571

工具袋

各式的工具随着时代的发展更加多元且贴心，
工作的好帮手，更需要被细心的呵护与收藏！
量身打造一个合适的收纳袋，各就各位排排站，
方便作业的进行，也让收拾更加快速有效率。

紫罗兰水玉
拼布收纳包

跳跃在紫罗兰色上的白色点点，
可放松工作的紧绷神经与烦恼，
大容量的空间可收纳所有的拼布工具，
带着去旅行也没问题！

作品设计 / 郭芷廷老师　情境摄影 / 詹建华　做法摄影 / Tammy　编辑 / 刘芝颖　美术设计 / 陈启予

完成尺寸：约长21cm，宽47cm，底30cm　★附原尺寸图

材料

表布①(8 号帆布)	90cm
表布②(水玉厚质棉布)	90cm
表布③(防水布)	20cm×50cm
尼龙防水里布	60cm

配件：

粗皮绳 150cm、细皮绳 90cm、细皮绳用斜布条 2.5cm×90cm、粗皮绳用斜布条 3cm×150cm、美国厚纸衬 30cm×22cm、40cm 拉链 2 条、宽 3.8cm 织带 150cm、宽 2cm 人字织带 50cm、28mm 鸡眼扣 6 组、撞钉磁扣(小)5 组

裁布

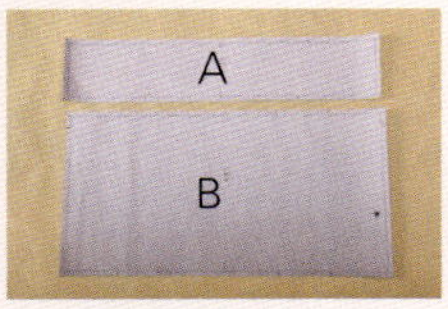

(A) 前袋身上部 表布① ×1
(B) 前袋身下部 表布① ×1

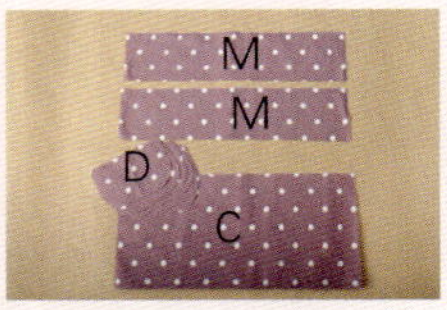

(C) 前袋身口袋 表布② ×1
(D) 前袋盖 表布② ×6
(M) 拉链口布 表布② ×2 里布 ×2

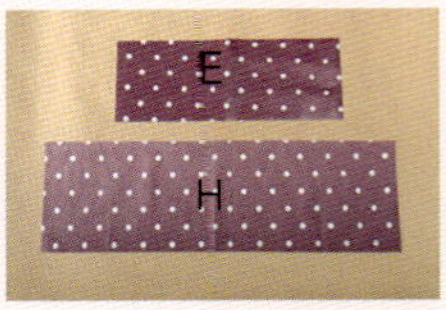

(E) 袋底 表布③ ×1 里布 ×1
(H) 后背口袋 表布② ×1 里布 ×1

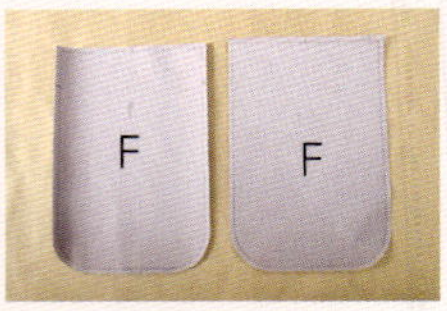

(F) 外袋侧身 表布① ×2

(J) 内袋侧身及外侧身口袋 表布② ×4 里布 ×2

(K) 内袋口布 表布① ×2
(I) 内袋侧身口布 表布① ×2

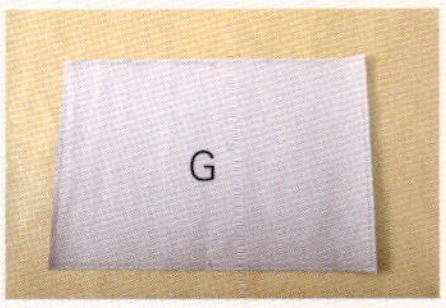

(G) 后背布 表布① ×1 表布② ×1

HOW TO MAKE

前片表布

1 裁细皮绳 30cm，将滚边条包住皮绳后车缝，再将其车在 (D) 前袋盖上，共需 3 份。

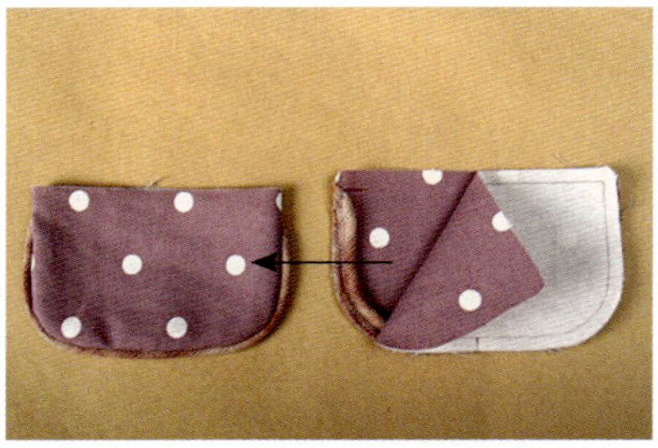

2 再与其他 3 片 (D) 前袋盖正面相对，车缝 U 形，后翻回正面。

3 放入美国厚纸衬，压装饰线(如左边黑线所示)。

4 取宽 3.8cm 织带 80cm，依纸型置于 (A) 前袋身上部。距袋口 3cm 处不车缝。

5 将 70cm 人字带与 (C) 前袋身口袋背面的车缝线边对齐后疏缝。再将织带翻至口袋正面，一起往后折，车缝一道装饰线。

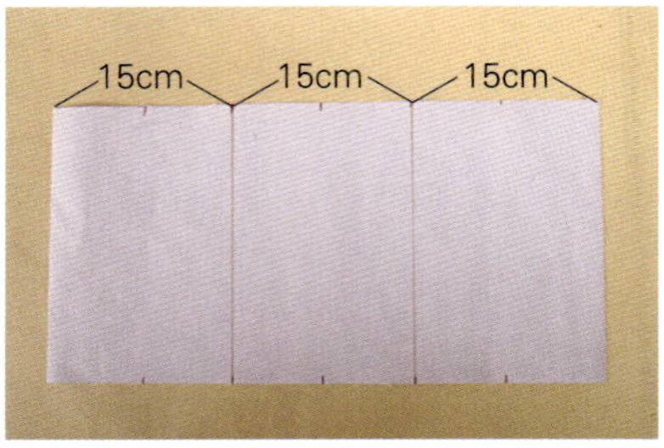

6 (B) 前袋身下部依纸型所示做上记号。

7 依记号处与 (C) 车缝固定。

8 车缝口袋下方打褶。

9 将袋盖依纸型记号先疏缝好。

10 与 (A) 正面相对车缝好，翻回正面压两道装饰线。

拉链口布

11 裁 3.5cm×6cm 的布块 4 片，对折后将其对折的边朝向拉链，布边车缝上装饰线固定。

12 拉链先与 (M) 拉链口布里布疏缝，再与 (M) 表布正面相对夹车缝，并在拉链两边约 0.3cm 处车缝上装饰线。

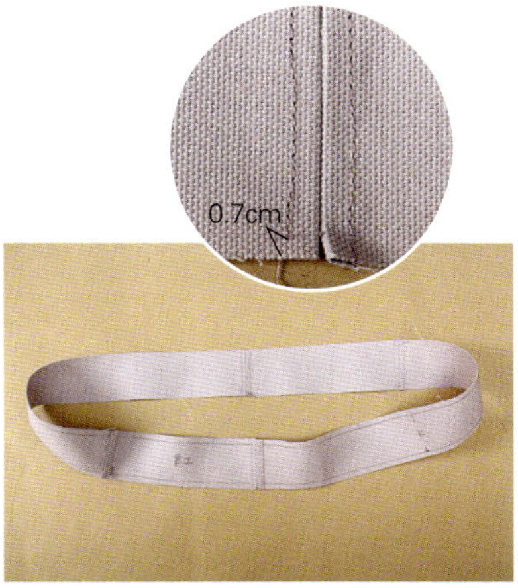

13 依序 (K)、(I)、(K)、(I) 将内袋口布及内袋侧身口布接缝。缝份打开车缝装饰线，注意车缝到 0.7cm 点即停。

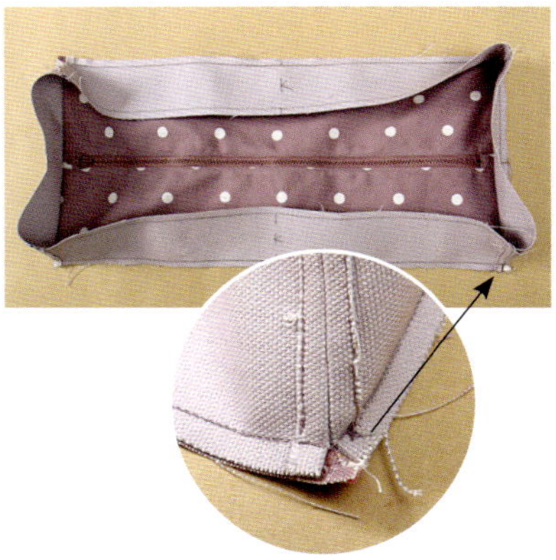

14 与步骤 12 的拉链口布接缝一圈，完成拉链口布。

侧身口布

15 将 (J) 两片正面相对车缝，翻回正面再车缝两道装饰线。最后打上撞钉磁扣，共做两份。

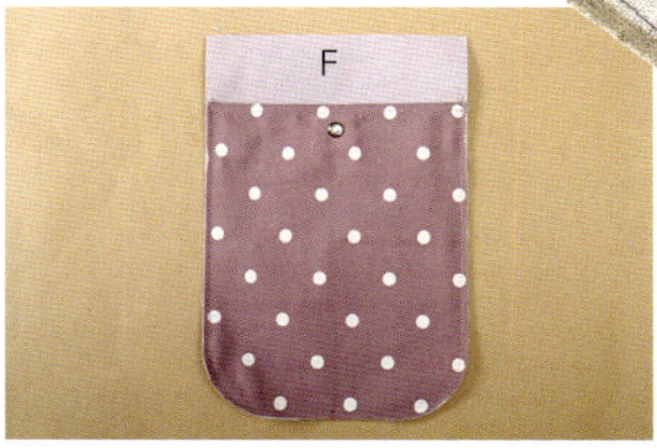

16 与 (F) 外袋侧身疏缝。

后片表布

17 (H) 后背口袋的表布、里布与步骤 11 的拉链夹车，疏缝凵形。

18 (G) 后背布依纸型标示织带位置，并车缝上织带 (注意上面 3cm 不车缝)。

19 将 (H) 与 (G) 疏缝。

大容量且立体的设计，不怕漏带任何工具哦！

20 裁一块 3.5cm×46.5cm 的表布②，与 (H) 正面相对车缝，再翻回正面压装饰线。

21 将上边内折，压装饰线，用以挡住拉链布边。完成后片表布。

组合

22 将前、后片与袋底接缝，正面车缝装饰线。粗皮绳裁 78cm 后以滚边条包起，车缝于袋身上。

23 收尾时要从 0.7cm 处打斜开始车缝。

24 接缝侧身。

25 接缝内袋底：将厚纸衬对折车缝固定于内袋底 (E)。

26 组合内袋身：将袋底与 (L) 内袋接缝，后接缝两侧身布，注意四个交接处要点对点对齐。

27 将步骤 14 及 26 中做好的部分车缝组合。

28 先准备一片 14cm×43cm 的厚胶板，放入外袋身内部，再将里袋套入外袋，于袋口车缝一圈。

29 将袋口缝上滚边条。最后在前片表布的口袋处钉上撞钉磁扣，即完成。

拼布小帮手包

立体袋形能装下多样的工具，
小帮手们各就各位，
再也不怕临时找不到啦！

完成尺寸：约长 20cm，宽 28cm，底 18cm

纯真年代工具提袋

以小巧的提包设计作为大容量支架口金包的外袋，并以图案布做成收纳小口袋，精致小巧又充满个人魅力，装什么都好用!

作品设计、做法摄影/林素伶老师　情境摄影/廖家威　编辑/Tammy　美术设计/陈启予　★附原尺寸图

材料：

内支架用布	尺寸	数量	衬
长条图案	12.5cmx23cm	2	厚衬
底布	12cmx23cm	1	厚衬
侧身布	25cmx25cm	1	厚衬
支架穿入布	3cmx42cm	4	
滚边斜布	4cmx70cm	1	
内里（袋身、侧身）	35cmx55cm	1	薄衬

外袋用布	尺寸	数量	衬
1. 点点布	6cmx29cm	2	1、2、3组合后薄衬+铺棉
2. 方格图案布	13.5cmx29cm	2	
3. 底布	19.5cmx29cm	1	
内口袋图案布	14cmx14cm	2	薄衬
外滚边布	4cmx160cm	1	
内滚边布	4cmx70cm	1	
内里（含提手）	60cmx110cm	1	薄衬

配件：

支架 25cmx7cm（弧形）x1 组
拉链 40cmx1 条
PE 板 24cmx28cmx1 片
包扣 24mmx4 颗
织带 2cmx33cm x2 条
扣带 x1 组

HOW TO MAKE

支架口金内袋

1 12.5cmx23cm 的图案布烫厚衬，依纸型裁剪与 12cmx23cm 底布烫厚衬后，依图示接缝。

2 裁 25cmx25cm 侧身布，烫上厚衬，再依纸型裁剪 2 片侧身。

3 侧身与袋身组合（背对背，缝份在外）完成外袋。

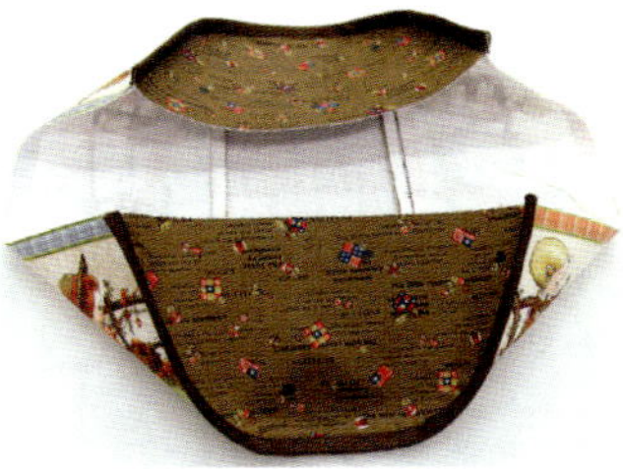

4 缝份处车缝上滚边。

5 内里烫上厚衬，依纸型剪下袋身和侧身，依序组合完成内袋。

6 裁 3cmx42cm 支架穿入布，两端各往内折烫 1cm。

7 夹车缝 40cm 的拉链。翻回正面临边再车缝压一道固定线。

8 沿拉链边压好后，再将另一侧也车缝固定。如此一来，中间就会有穿入支架的洞口。

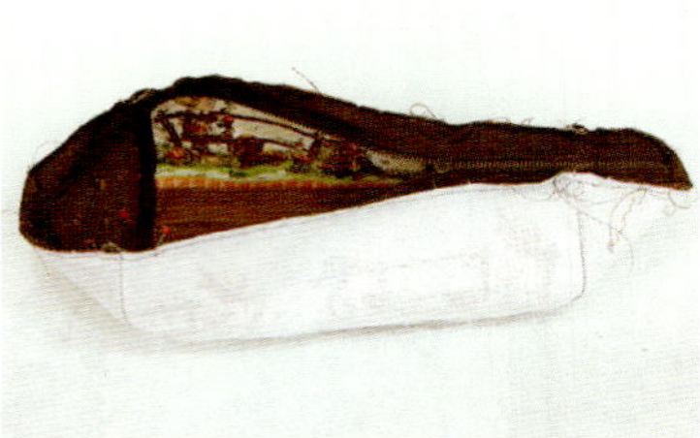

9 再将完成的拉链固定于外袋上。

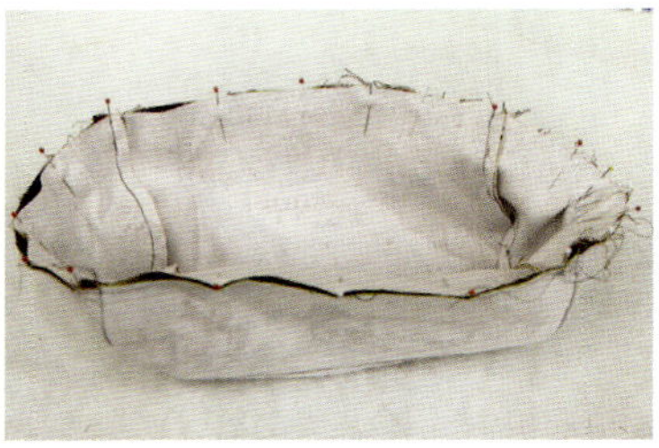

10 组合内、外袋，内袋套入后，袋口车缝一圈，需留一返口。

11 再由返口翻至正面，完成支架口金内袋。

提手外袋

12 制作外袋，裁 6cmx29cm 外袋口布（点点）及 13.5cmx29cm 图案布与底布 19.5cmx29cm 拼接缝合后，依序烫上薄衬、铺棉、薄衬。

13 可依自己的喜好将三层一起压线处理。压完后，将表布裁为 27cmx50cm。

14 制作内里口袋，裁 2 组 14cmx14cm 的图案布及内里布，皆烫上薄衬，取一组车缝上端及左侧；另一组则车缝上端及右侧。

15 再分别翻回正面。

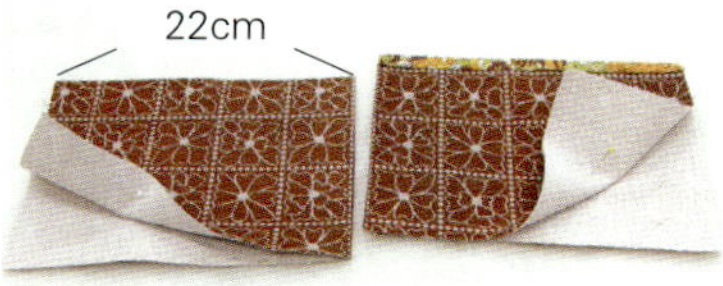

16 内里第二层口袋，22cmx30cm 的里布烫薄衬后再对折烫平，一片车缝上端及左侧，另一片车缝上端及右侧，并翻回正面。

17 滚边，上端车缝上滚边，两端分别多约 2cm，并往内折。

18 再将布往下折 2 折，完成滚边。

19 2 片皆完成滚边。

20 将第一层口袋固定于第二层口袋。

21 再裁一片 27cmx50cm 底布烫薄衬，并将口袋固定于左右两侧。

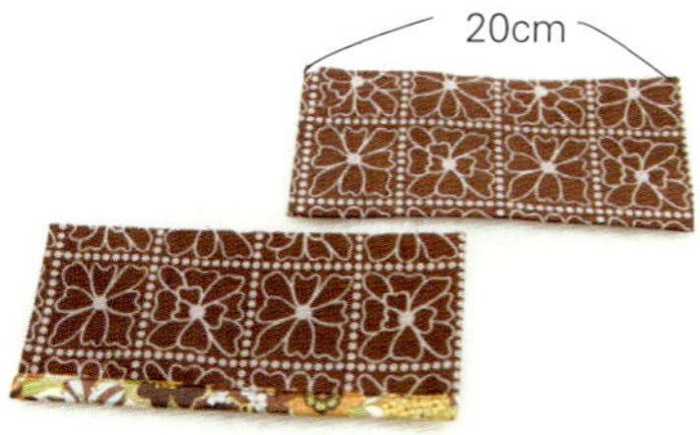

22 制作口袋盖布，裁 2 片 20cmx15cm 烫薄衬，对折车缝两边后翻正面，下端车缝上滚边。

23 将盖子固定于底布上端。

24 再与表布组合。

25 四周缝上滚边。

组合

26 再与支架袋固定（两端皆对齐，滚边车缝固定约 7cm）。

27 由返口置入 PE 板，缝合返口。

28 制作提手，将 2 条 7cm×35cm 的提手布对折车缝后，缝份烫开再置中。翻回正面整烫，再穿入 33cm 长的织带，左右各预留 1cm 缝份。

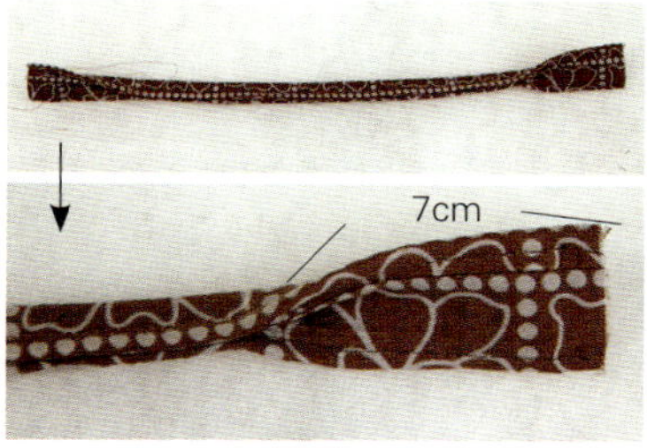

29 两侧车压固定线后，两端各预留 7cm 不车缝，再对折车缝。

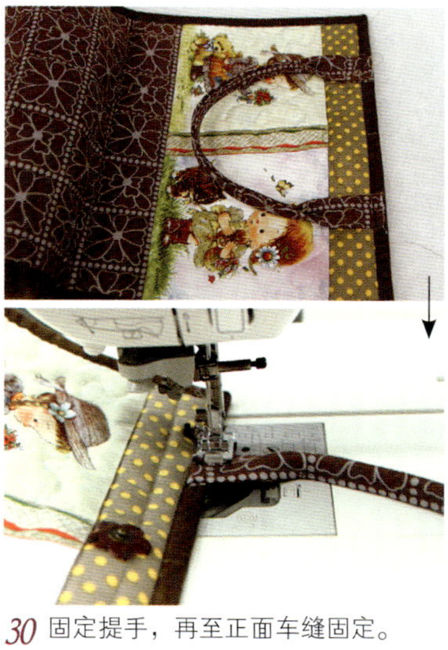

30 固定提手，再至正面车缝固定。

31 装饰头尾拉链头，取 24mm 包扣包上布并做缩缝，固定于拉链两端再与另一颗包扣对缝。完成包扣装饰。

32 穿入 25cm 的支架。

33 缝上扣带，完成作品。

34 作品展开图。

彩绘人生立体笔袋

画笔沾染的颜色，握笔挥洒的力道，
用心体会，自己决定画作的模样！

作品设计、做法文字、摄影／陈慧如老师　情境摄影／萧维刚　编辑／刘芝颖　美术设计／陈启予

★附原尺寸图

材料：

花布数种、奇异衬、铺棉
布用颜料、平笔 10 号
前表布、后表布／里布 18.5cm × 18.5cm
下袋身表布／里布 40cm × 11cm
口布 8cm × 19cm、皮绳 90cm

完成尺寸：约直径10.5cm，高27cm

HOW TO MAKE

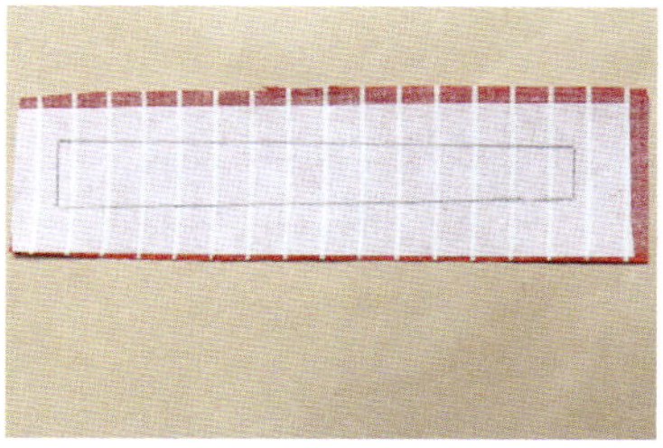

1 将奇异衬烫至布的背面，并描绘笔杆。

2 不须留缝分，将 5 种花色的笔杆裁剪完成。

3 烫贴固定于前表布上。

4 将表布铺棉。

5 以毛毯边缝压线固定装饰。

6 笔杆压线完成。

7 利用自由曲线，做出活泼的笔毛形状。

8 以布用颜料上色装饰。

9 将后表布压线完成。

10 下袋身表布压线完成。

11 袋底为直径 10cm 的圆形（缝份另加），压线完成。

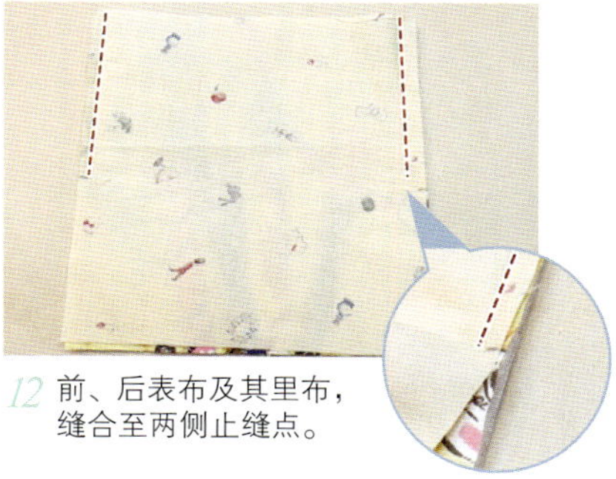

12 前、后表布及其里布，缝合至两侧止缝点。

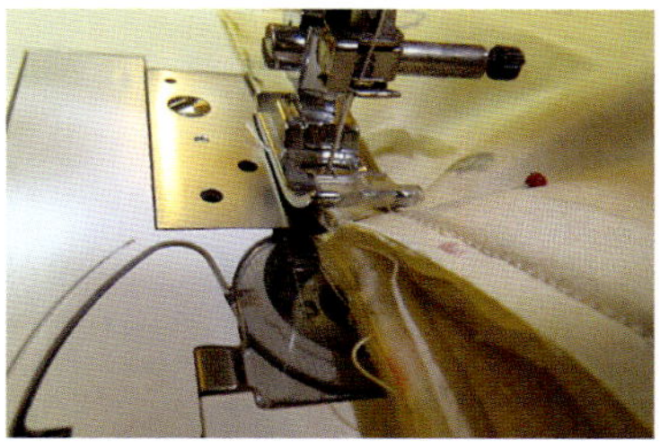

13 表、里布正面相对缝合两侧，完成上袋身。

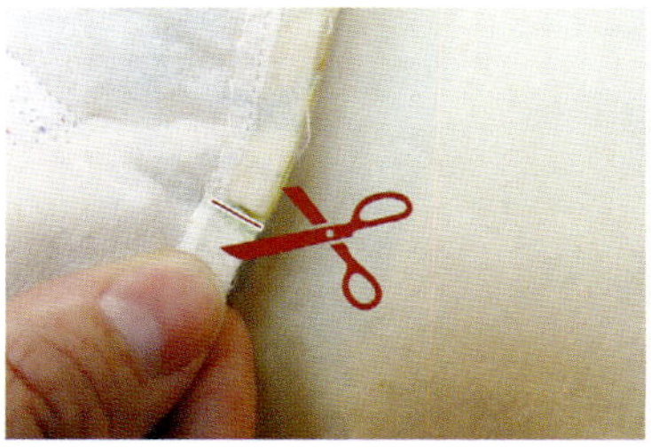

14 于止缝点处剪牙口。

15 将下袋身表布及其里布，缝合成圆筒状。

16 下袋身表布和里布及上袋身缝合固定，做成完整的袋身。

17 袋身和袋底组合。

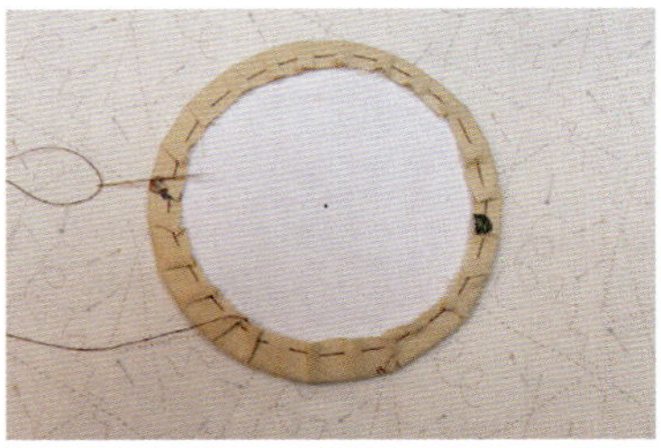

18 袋底里布缩缝并熨烫。

19 袋底里布贴缝完成。

20 裁口布 2 片。

21 口布两侧往内烫 0.75cm 2 次，车缝固定。

22 口布与前、后袋口固定。

23 口布对折，并落针压缝固定。

24 袋身完成。

25 两侧互穿皮绳 45cm。

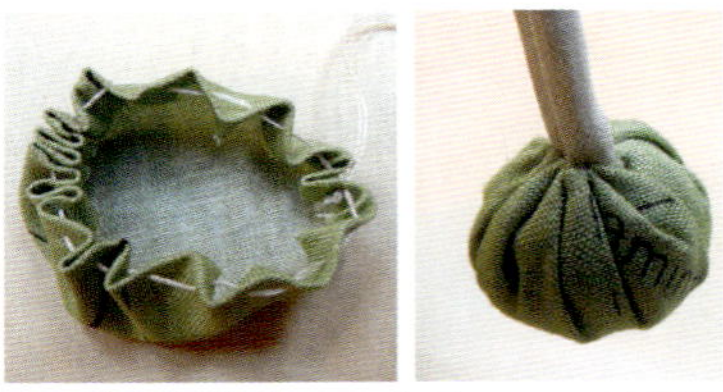

26 做皮绳装饰球，直径 5.5cm 的圆形布缩缝。

27 完成，也可以翻下使用。

作品设计／林欣汝老师　情境摄影／Akira　做法摄影／刘芝颖
编辑／王义馨　美术设计／陈启予
完成尺寸：底长24cm，宽13cm，高18cm　★附原尺寸图

蝴蝶结花笔筒工具袋

设计了笔筒，使收纳空间再升级！
使用时好拿取，收拾时变成可携式提袋，
用绿色系图纹交错搭配，培养创作的好心情！

作品欣赏

绿色笔记
两用笔筒

完成尺寸：约直径9cm，高：1cm

材料：

笔筒表、里布	27cm × 10cm	各 1
铺棉	27cm × 10cm	1
缝份装饰布	3cm × 10cm	1
滚边条	4cm × 30cm	2
袋身里布、铺棉	61.5cm × 8cm	各 1
表布配色布	6cm × 6cm	10 组
缝份装饰布	3cm × 8cm	1
滚边条	4cm × 66cm	2
上袋口布	33cm × 16cm	2
提手布	25cm × 4cm	2

配件：

30cm 拉链 1 条
1.5cm 包扣 10 颗
透明板 8.5cm × 25cm、5.5cm × 60cm

HOW TO MAKE

裁笔筒布

(A) 表布与里布 27cm×10cm
(B) 收纳夹袋布 14cm×34.5cm
(C) 滚边条 4cm×30cm

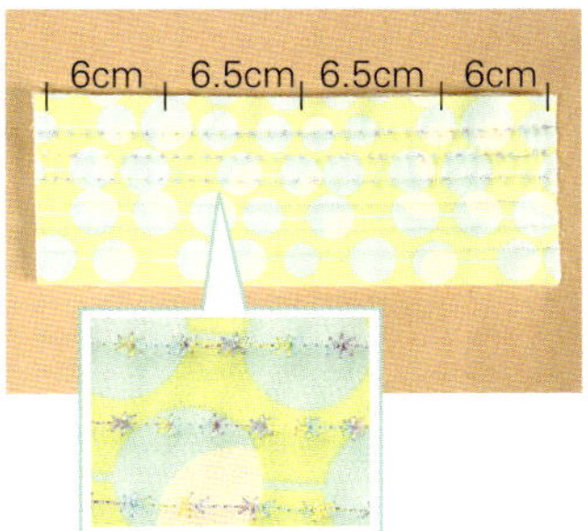

1 将筒布的表、里布夹铺棉三层一起依自己喜好做压线装饰。标示出 0.7cm 缝份后，两侧间隔 6cm、中间间隔 6.5cm 画分隔记号线。

2 收纳夹袋布对折，标出缝份线后，前、后为 8cm，中间为 8.5cm。为间隔线。

3 将步骤 1 的筒布两端车合成一筒状。

4 缝份打开，以卷针缝将缝份固定于两侧。

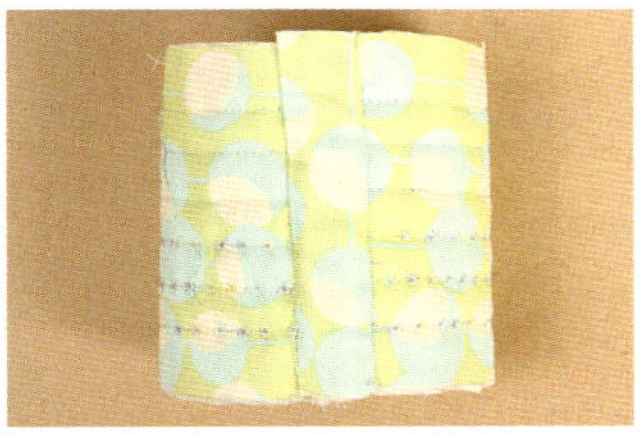

5 裁一小片 3cm×10cm 的挡布，以藏针缝盖住缝份。

6 翻回正面，将外收纳夹袋的接缝处打好褶子，车缝固定一圈。

7 取滚边条，做上、下滚边。

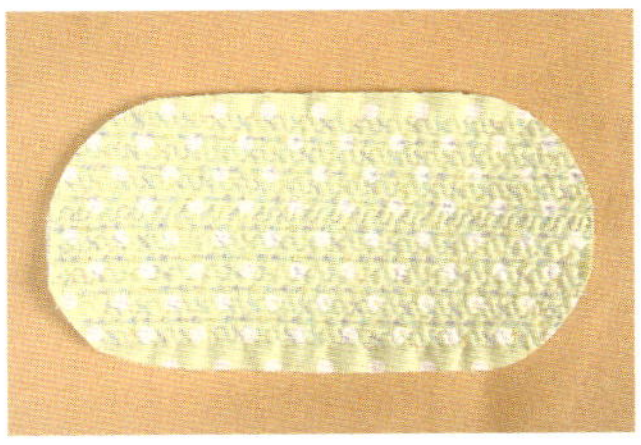

8 依纸型粗裁袋底的表、里布烫薄衬，再与铺棉一起做压线。

9 压完后，再取纸型画出实际尺寸的记号线。

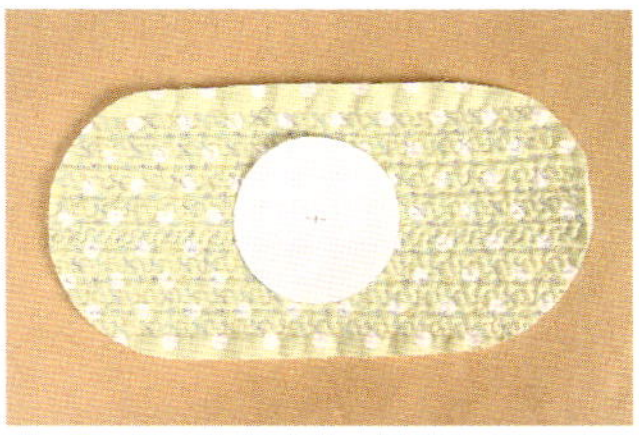

10 取中心位置，画出一个直径 8cm 的圆。

11 笔筒以藏针缝固定于 8cm 的圆上。

12 依纸型裁下三角形的布片，如图为一组。共需 10 组共 40 片。

13 将布片接缝成一长条，连同铺棉、里布一起再做压线。

14 依拼接的实际尺寸做记号线，并缝上包扣做装饰。

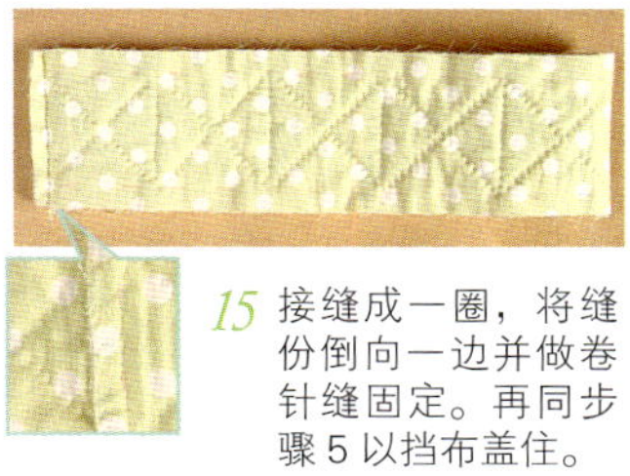

15 接缝成一圈，将缝份倒向一边并做卷针缝固定。再同步骤 5 以挡布盖住。

16 准备 2 片 33cm×16cm 的提袋布。

17 正面相对，留缝份 1.5cm 车缝两边。缝份打开后往内折烫。

18 正面压固定装饰线。

19 袋口一侧利用缝份烫尺，折 1cm 的缝份。

20 正面压 0.7cm 的固定线。

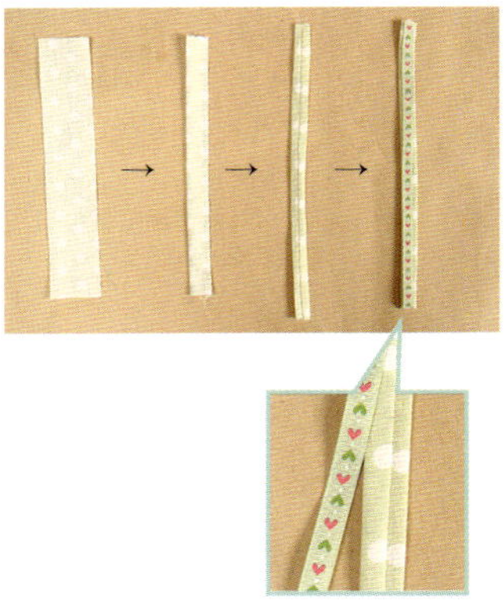

21 制作布提手，提手布正面相对折车缝，用返里钳翻到正面，缝份居中烫，再车缝上缎带装饰。

22 将提手车缝在提袋布上。接缝处缝 yoyo 装饰。

23 袋口车缝上拉链。

24 下袋身一边预先车缝上滚边条。

25 上提袋布直接套入，车缝一圈接合。

26 再将滚边完成，翻回正面。

27 袋底接合，转弯弧线处需剪牙口，再疏缝一圈固定。

28 连同滚边条车缝固定后，剪掉多余的铺棉，再完成包边动作。

29 完成便携式多用途收纳盒袋。

生活艺术家小方包

作品欣赏

完成尺寸：约长18cm，宽28cm，底13cm

24 小时的呵护 妈妈包

孩子是生命中最珍贵的礼物，

不眠不休、不计辛劳，倾注所有的爱与呵护，

妈妈的伟大，看她身上背的大包就知道！

作品设计／张健蓉老师　情境摄影／詹建华　做法摄影／Tammy　编辑／刘芝颖　美术设计／陈启予

完成尺寸：约长39cm，宽32cm，底10cm　★附原尺寸图

材料：

表布、里布、4.5cm 宽滚边条 90cm、铺棉、坯布、皮提手

HOW TO MAKE

1 表布加铺棉、坯布三层依表布图案的圆圈压线，前、后片共需两份。

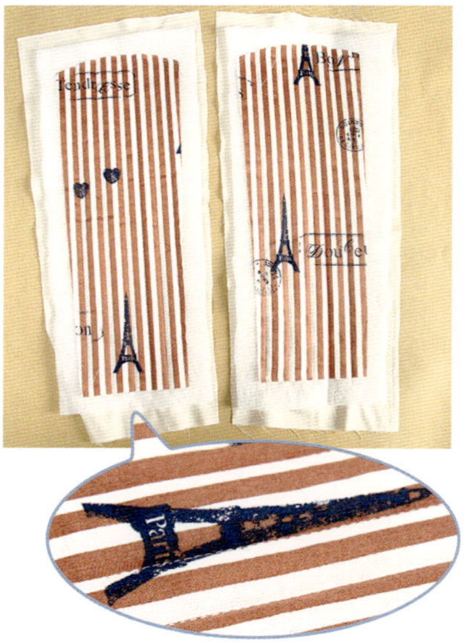

2 侧边表布同上步骤完成压线。

3 将多余的铺棉、坯布裁掉。

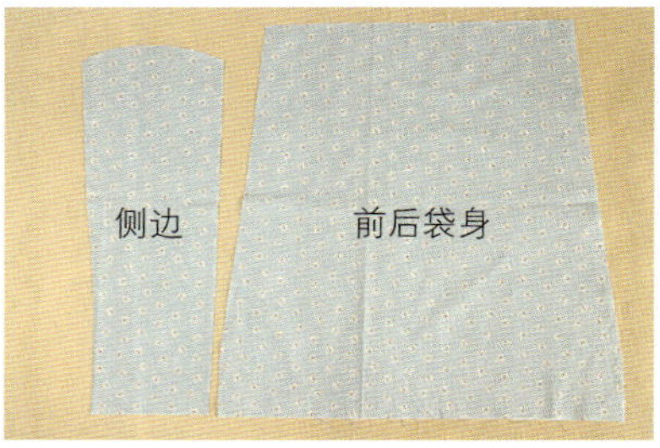

4 裁内袋里布。

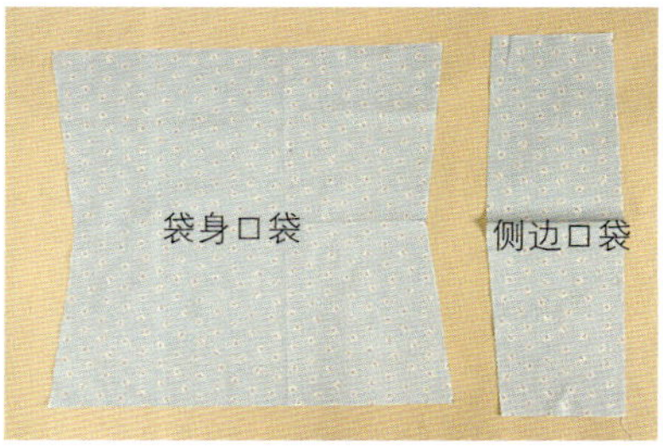

5 裁内袋口袋，各 2 份（此处可依个人需求制作）。

6 将口袋对折，于折边 1cm 处车缝一道。再翻至背面，将另一边车缝，最后翻回正面完成口袋。

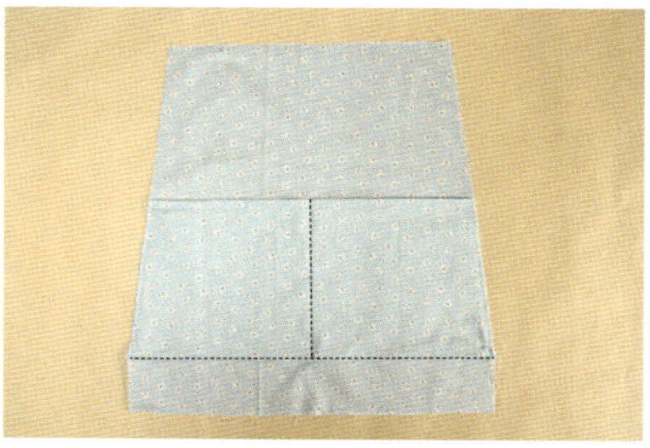

7 袋身口袋抓出中心点后，与袋身对齐，两侧疏缝，中间及下边车缝一道。

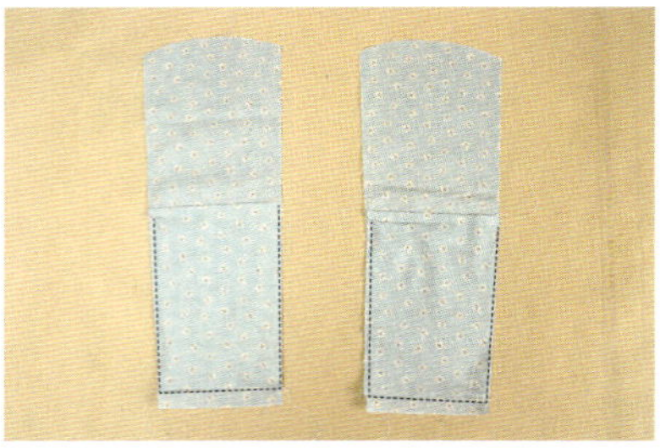

8 侧身口袋同上步骤与侧身内袋固定。

9 前、后片内袋正面相对接缝下边。

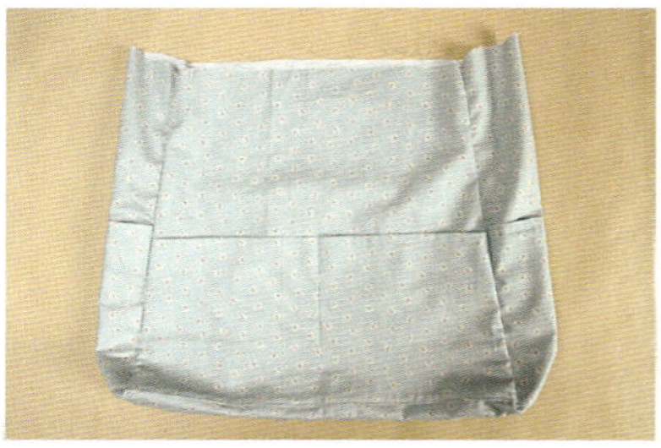

10 组合内袋。

11 组合外袋。

12 将内袋套入外袋后，包上滚边条，最后缝上皮提手即完成。

手感掀盖工具提袋

以工具收纳箱的概念出发，间隔排列的设计，让每件工具都能清楚定位，别出心裁的双开式拉链，半掀、全开，方便存取，一提就走。

作品设计／林彦君老师　情境摄影／廖家威　做法摄影／刘芝颖
编辑／Tammy　美术设计／陈启予
完成尺寸：约长36cm，宽14cm，底19cm

外袋身

配色布	4cm×4cm	26 片	铺棉＋里布
边条布	5cm×100cm	2 片	
口布	5cm×100cm	2 片	
袋底	19cm×34cm	表、里各 1 片	烫衬
外袋底布	19cm×32cm	1 片	铺棉＋里布
盒盖布	16cm×35cm	表、里各 1 片	铺棉

里袋身

长边里布	12cm×34cm	2 片	烫衬
短边布	12cm×19cm	2 片	烫衬
隔层布片	8cm×74cm	1 片	烫衬
	14cm×36cm	1 片	烫衬
束口袋	22cm×28cm	2 片	

配件：

32cm 夹克拉链 2 条

HOW TO MAKE

1 将配色布裁 4cm×4cm 的布片共 26 片。

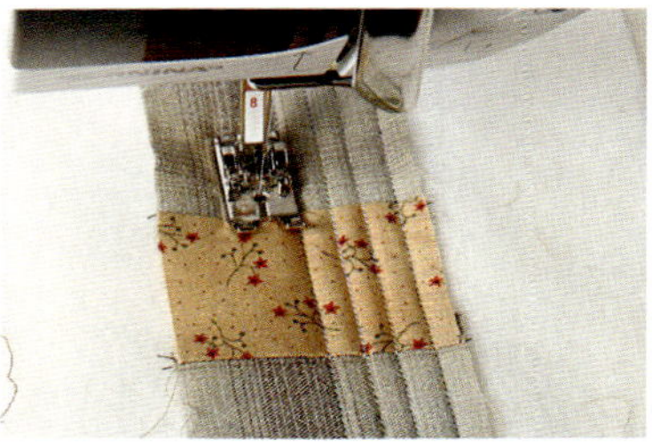

2 将 26 片的布片接缝成一片，并准备 25cm×110cm 铺棉、坯布，三层一起压线。

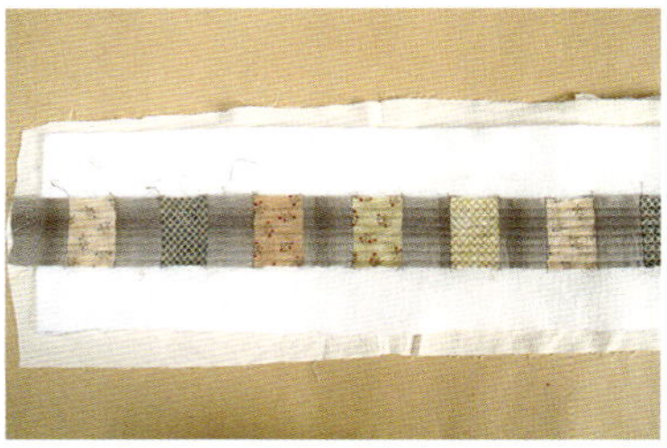

3 压完如图。

4 裁 2 条 5cm×100cm，作为上、下边条。

5 边条上、下对齐配色布，缝份 1cm。再翻至正面间隔 0.7cm 压线。

6 将多余的缝份、铺棉及坯布剪掉。取 12cm×100cm。

7 两端接缝成一圈。

内层夹袋

8 裁 8cm×74cm 长的布条，对折车缝 4cm ×74cm 的线轴布条。

9 缝份烫开，再翻回正面，将缝份挪至中间并熨烫。

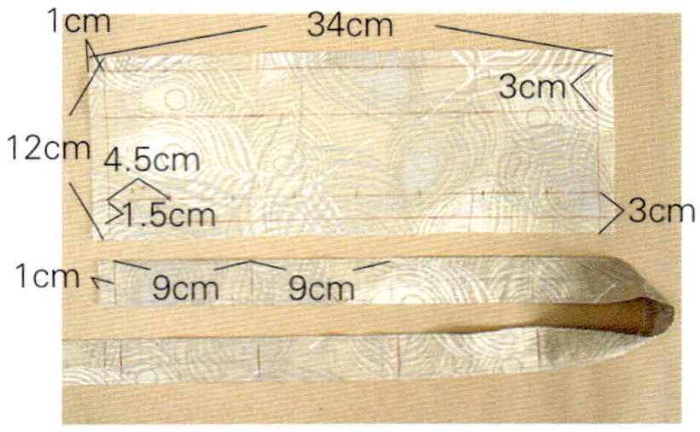

10 准备里布 12cm×34cm 烫衬，四边留缝份 1cm 并做上记号线。

11 将线轴布依记号位置车缝于里布上。

12 组合完成线轴布的全貌。

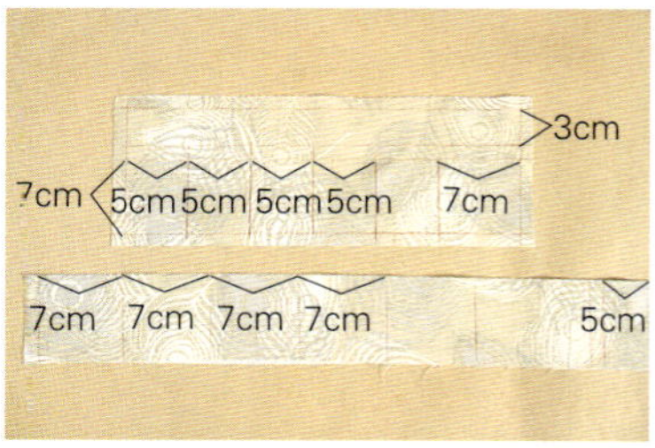

13 收纳隔层袋，14cm×46cm 的布片对折，两侧预留 1cm 缝份后，与里布 12cm×34cm，共同画上记号线。

14 将 7cm 的线对齐 5cm 的线，2 片车缝组合。

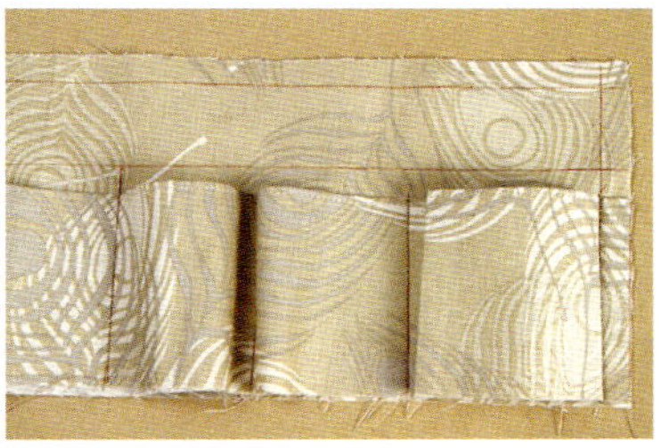

15 将最后 1 格多出的 2cm 左右各打 1cm 的褶熨烫。

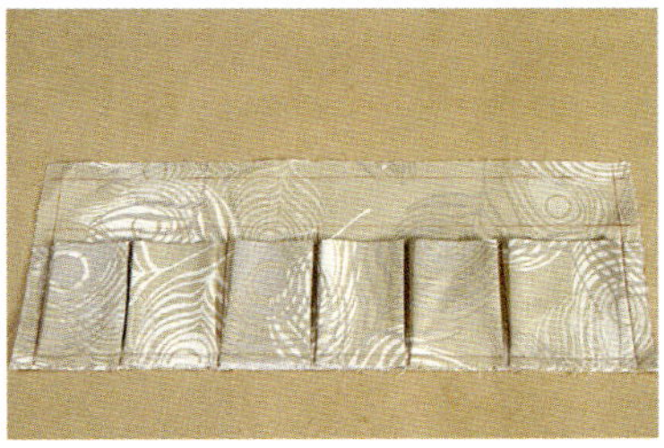

16 车缝底部，边车缝边打褶将底部车缝固定。

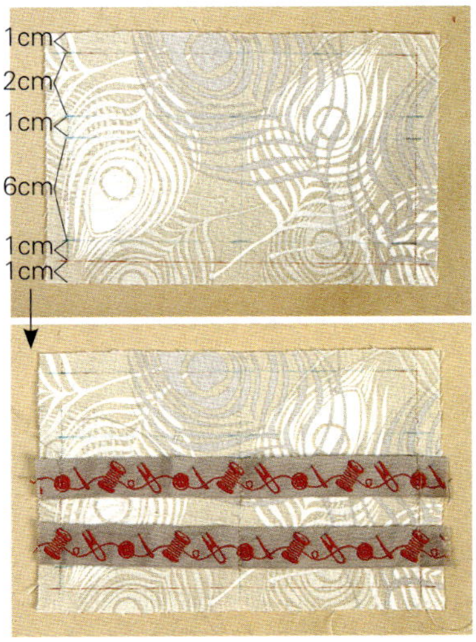

17 12cm × 19cm 的短边里布依图示画线，再缝上织带。

18 裁 4cm × 23cm 的里布对折后取中心点，再与另一片短边里布车缝固定。

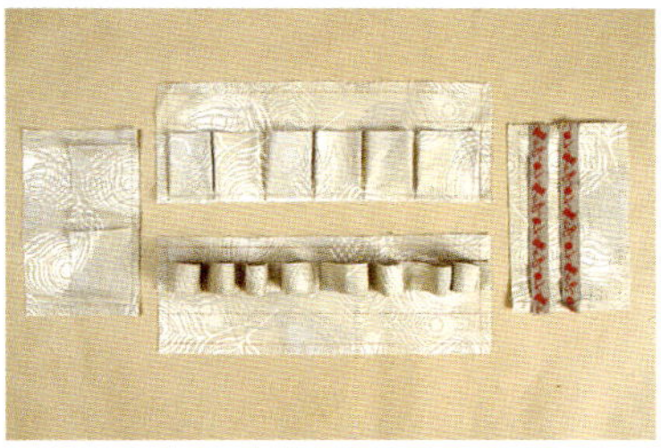

19 共同完成四边的收纳隔层内袋。

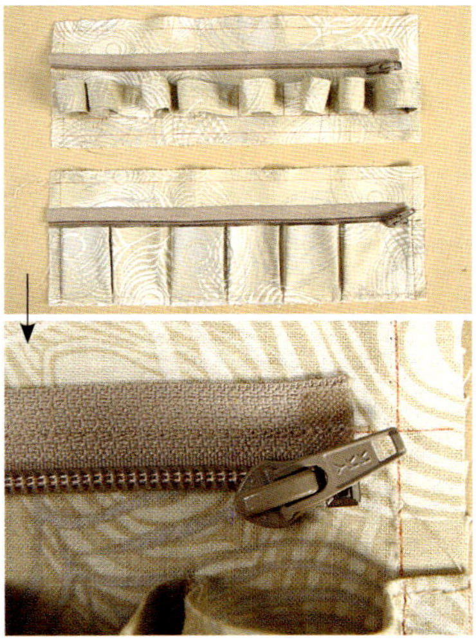

20 取长边隔层布，车缝上 32cm 长的拉链。要注意拉链头的位置。

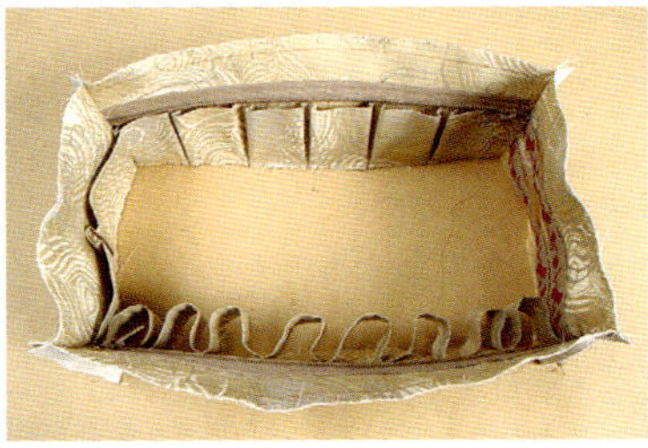

21 依序将 4 片一起车缝组合。

22 套上外袋身，车缝一圈。

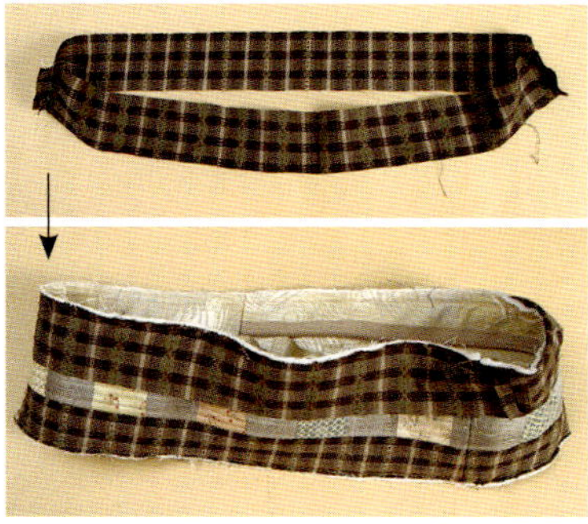

23 准备 2 条 5cm × 100cm 的口布，正面相对两端接缝成一圈。后绕袋口一圈，车缝。

24 缝份往下倒，并以卷针缝固定。将口布往下折至拉链处后，以藏针缝固定。完成袋口布。

束口袋

25 裁布 22cm×28cm2 片，正面相对车缝后，缝份移至中对准两侧车缝线。上画 1.5cm 记号线。由缝份向外预留 5cm 的返口。

26 沿记号线车缝一圈，将四边的角各抓 8cm 底角。

27 翻回正面，1.5cm 压缝一圈轨道线。

28 19cm×34cm 表、里袋底布，背面相对疏缝一圈。将长边量 4cm、短边 2cm 后将束口袋车缝上。

29 束口袋穿入皮绳，与步骤 23 的外围袋身组合。

30 另准备 19cm×32cm 的外底部尺子的收纳布，同样先与铺棉、里布，三层一起压线。

31 一侧以滚边修饰后，固定与袋身底部的外围。

32 准备 5cm 的斜布条，连同袋底一起做滚边。完成盒身。

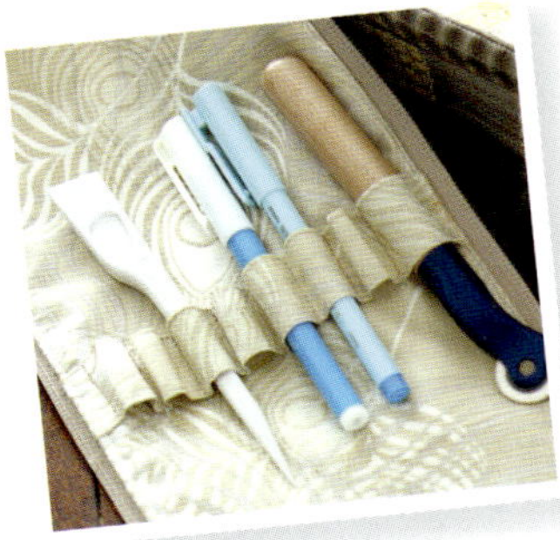

盒盖

33 16cm×35cm 表、里布连同铺棉一起做完压线后，两侧缝上夹克拉链的另一边。盒盖面抓中心位置后，钉上提手。

34 盒盖里，可依自己喜好，再车缝上收纳间隔布条。

35 袋盖两端以滚边条包边修饰。完成盒盖。

36 拉上夹克拉链，即成为便携式工具提袋。

展开图

森林小熊多功能提包

穿梭于森林里的小熊，天真地展现各种丰富有趣的肢体语言，
再以大容量加上缩褶的口袋设计，让人童心大起，
把吃饭工具通通收进去，再也不怕少带啰！

作品设计／吕亚婷老师　情境摄影／廖家威　做法绘图／韩欣恬　编辑／Yshin　美术设计／陈启予
完成尺寸：约长35cm，高23cm，底10cm　★附原尺寸图

材料

前袋身

图案主布	纸型 B	1 片（贴厚衬）
水玉配色布	纸型 C（贴厚衬）	1 片（贴厚衬）
拉链内里	33cm×40cm（贴薄衬）	1 片（贴厚衬）
拉链挡布	4cm×3cm	4 片
出芽绳	130cm	2 条
斜布条	3cm×130cm	2 条
拉链口布（表、里布）	53cm×6cm（贴厚衬）	各 2 片
拉链挡片	依纸型	4 片

配件：

50cm 双头拉链 1 条、30cm 拉链 1 条、20cm 拉链 1 条

后袋身

水玉配色布	纸型 A	1 片（贴厚衬）
后口袋图案布	纸型 B	1 片（贴厚衬）
里布	纸型 B	4 片（贴厚衬）
斜布条	3cm×38cm	1 条
出芽绳	35cm	1 条
袋底（表、里）布	66cm×12cm	各 1 片 63cm×12cm（贴厚衬）

里袋

里布袋身	纸型 A	2 片（贴厚衬）
拉链口袋布	25cm×45cm	1 片
松紧口袋	45cm×30cm	薄布衬烫 45cm×15cm
iPad 夹层	纸型 B 对折	薄布衬
iPad 袋盖	依纸型	2（贴厚衬 ×1）

HOW TO MAKE

裁布图

外袋身：前片：纸型 B、纸型 C
后片：纸型 A、纸型 B
袋底：拉链口布

外袋身前片拉链口袋

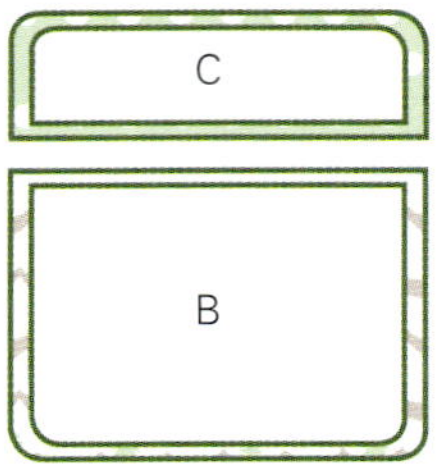

1 依纸型先裁下厚布衬，并烫贴于水玉配色表布（纸型 C）、图案表布（纸型 B），预留缝份裁下布片。

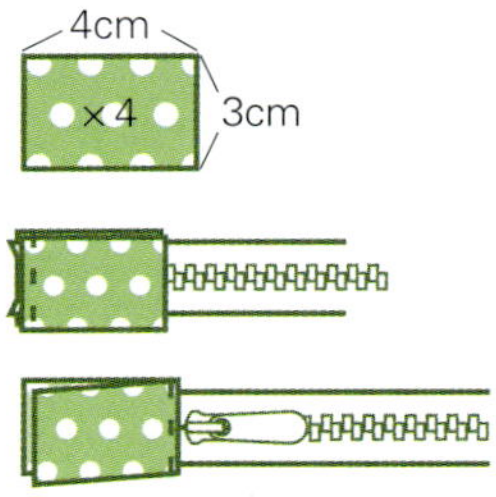

2 裁 4cm×3cm 拉链挡布 4 片，分别夹车于 30 cm 拉链的两端。

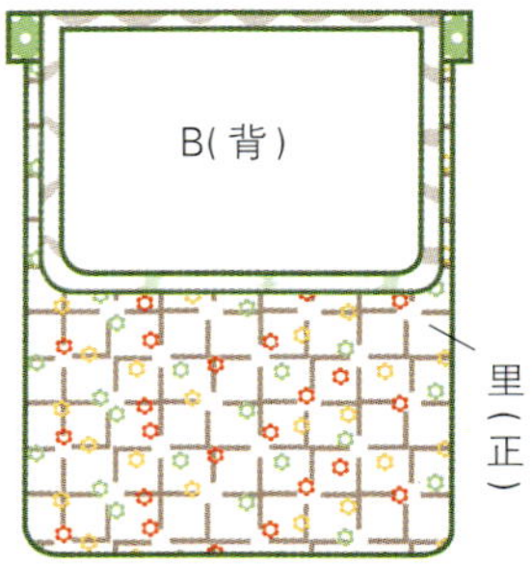

3 夹车拉链，裁拉链口袋布 33cm×40cm 与 C 的配色布一起先夹车拉链一侧。

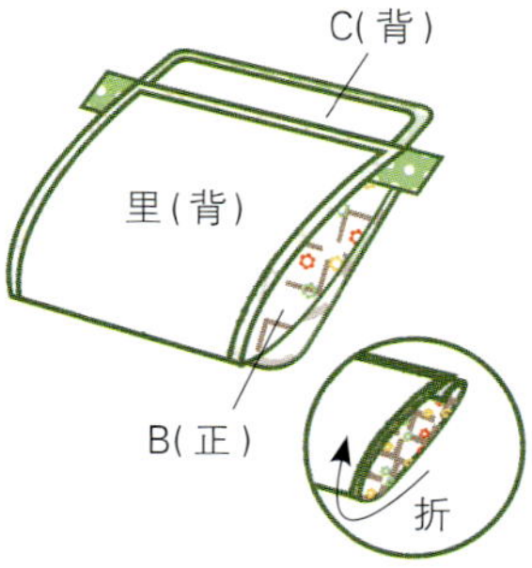

4 再将里布折返至另一侧，再连同图案表布一起固定于拉链上。

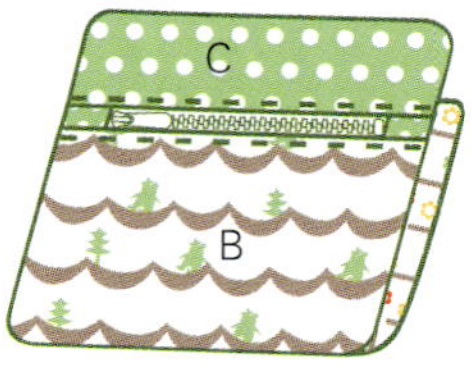

5 翻正面，沿拉链边压装饰固定线，完成拉链口袋前片。

外袋身后片口袋

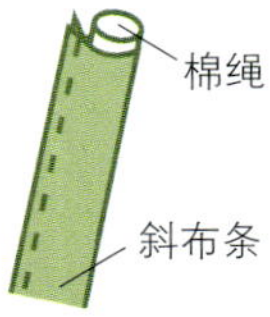

6 制作出芽包边绳，裁斜布条 3cm×130cm2 条、3cm×38cm 1 条，车缝棉绳制作出芽包边绳。

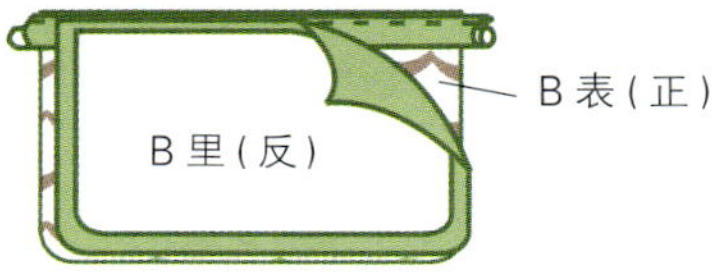

7 以纸型 B 裁下图案表布与后背里布烫衬。

8 将出芽包边绳先固定于表布上缘。再与后背里布正面相对车缝接合。

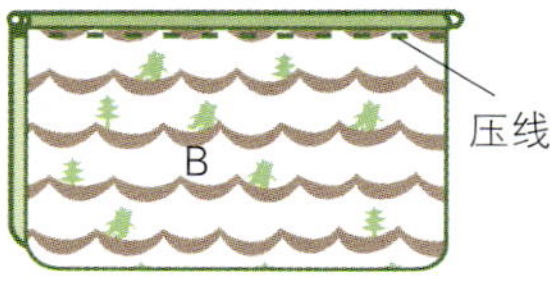

9 翻至正面车压固定线。

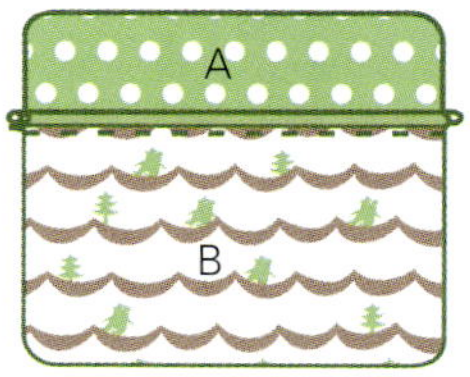

10 抓出中心点位置，再与依纸型 A 裁下的布片对齐，由中心点车缝一道作为口袋的分隔线。

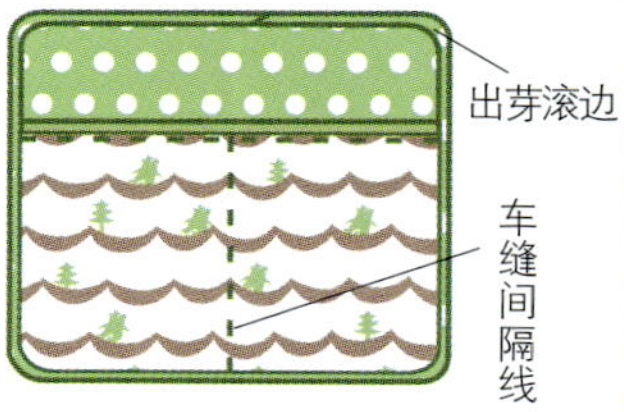

11 取出芽绳沿前、后片的外袋身各车缝一圈，备用。

侧身

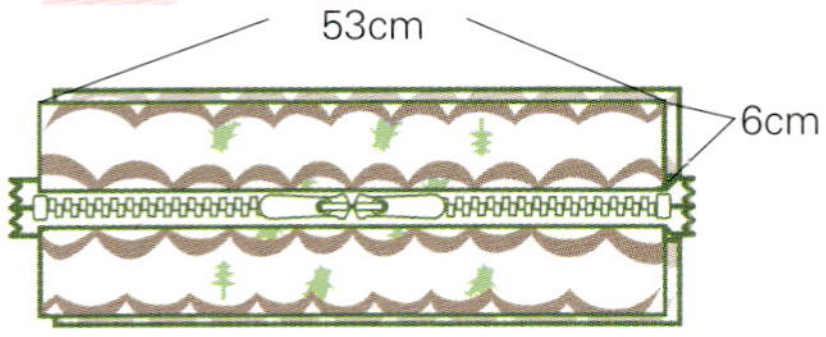

12 准备拉链口布的表、里布烫好衬后，先夹车 50cm 的双头拉链。

13 依纸型裁下的拉链挡片，两两相对车缝，翻正面。

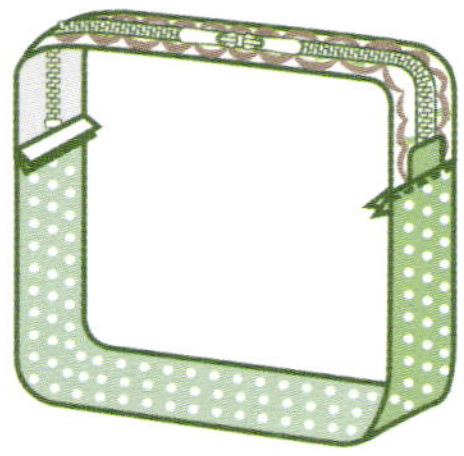

准备 66cm×12cm 的侧身袋底表、里布。再与拉链口布两侧相互车合一圈并夹车拉链挡片。备用。

内里一字口袋

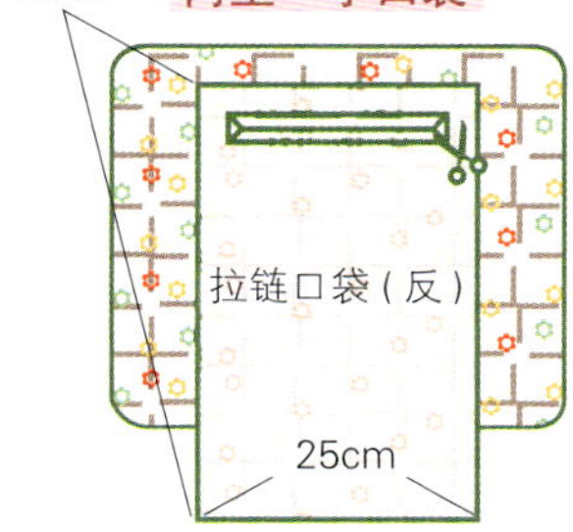

1 依纸型 A 裁里布袋身 2 片，取其中一片找出中心点，距离上方约 7cm 处画出一个 1.5cm 宽、21cm 长的开口框。

2 取拉链口布，正面相对沿开口框车缝一圈。再由中间剪开，两端剪 Y 字。

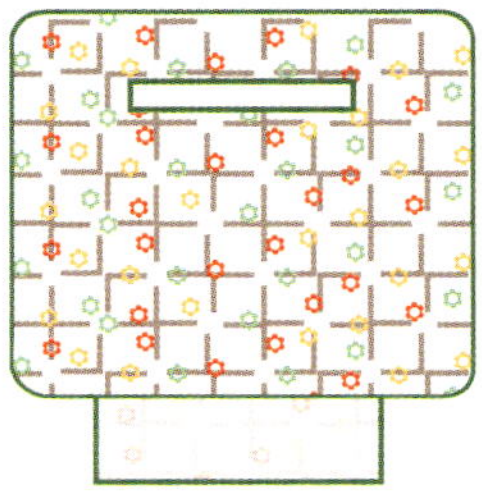

3 由缝份开口处将拉链口袋布翻向表布背面。

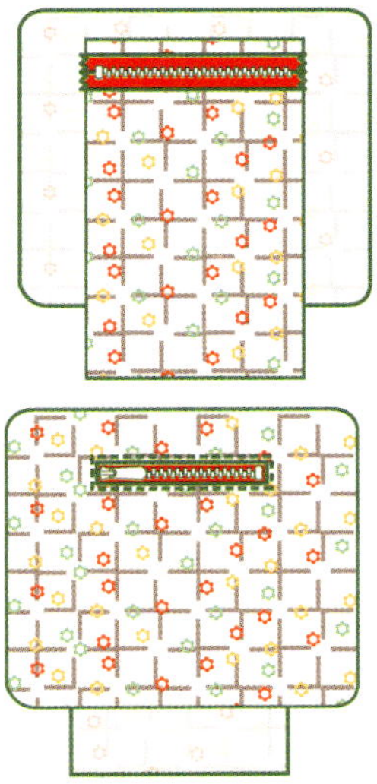

4 由正面进行整烫后，再将拉链由背面贴上，并由正面车缝一圈固定。

5 将口袋布对折，车缝三边即完成。

制作松紧口袋

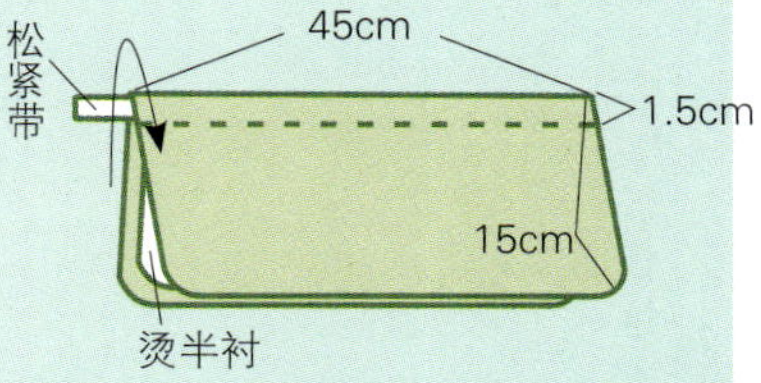

1 布片烫衬对折，1.5cm 处车缝一道间隔线，再穿入松紧带固定。

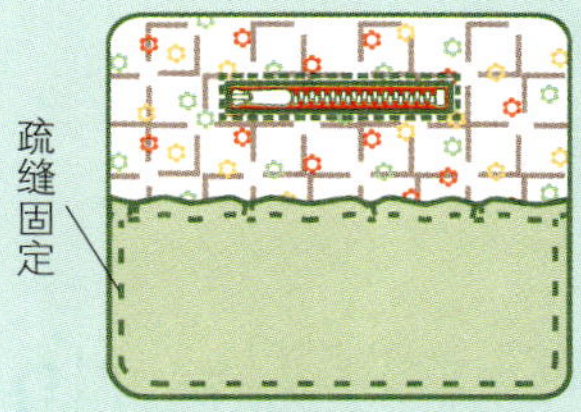

2 再与里布固定两侧。

制作 iPad 口袋

1 依纸型 B 对折所裁下的布片烫衬，钉上磁扣，再对折车一道固定线，并与另一片里布组合。

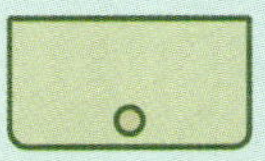

2 制作袋盖，依纸型裁下后车缝组合，再钉上磁扣。

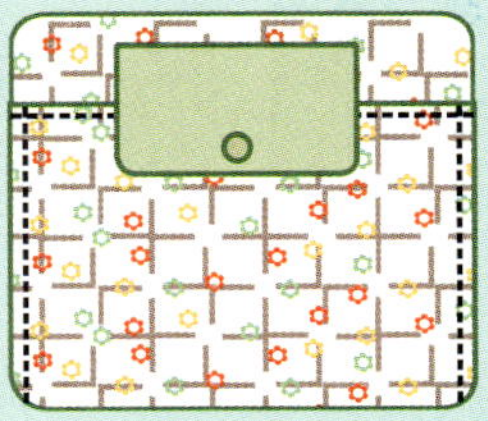

3 车缝于口袋的上方。

组合

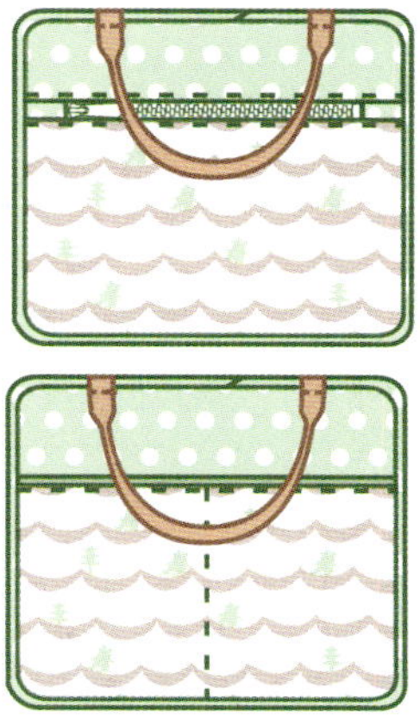

1 前、后表袋先固定提手。

2 取其中一片与拉链侧边口布对齐，先车缝一圈。

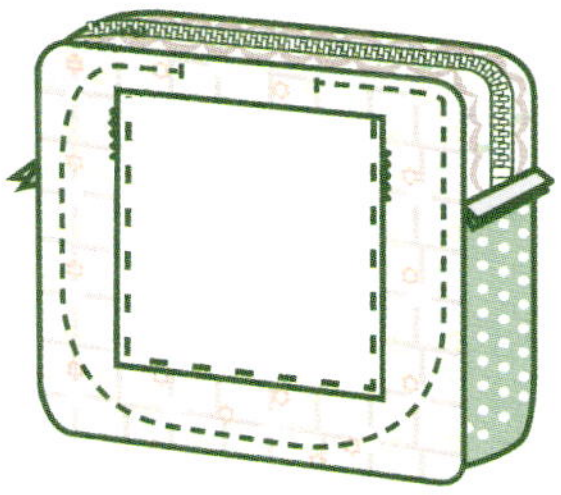

3 将拉链口布倒向袋身表布袋后，再取一片袋身里布；正面与其相对车缝一圈，留一返口。

4 翻回正面，再将另一片袋身表布同样车缝一圈。

5 再与另一片里布正面相对车缝一圈，留一返口后，翻回正面，将返口缝合后，完成。

完成图

斜背包

阳光，透过厚厚的云层轻洒下来，在微寒的冬季里带来一点暖意。

随着岁末年终的脚步接近，心需要慢慢沉淀。

多元性可调式背带包，正好百搭，让心情更自在！

玫瑰褶花链条包

轻巧的圆桶造型，运用折出的布花装饰，带点秀气和浪漫。

扣上闪亮的链条，多了几分时尚，就甜美上装吧！

材料：

外袋身

- 表布 60cm×55cm
- 配色布（花瓣）30cm×55cm
- 玫瑰花表布 35cm×70cm
- 里袋布 50cm
- 坯布 70cm×110cm
- 铺棉 40cm×70cm
- 厚布衬 40cm×45cm
- 薄布衬 30cm×50cm
- 牛筋衬 30cm×15cm

配件：

30cm 拉链、60cm 蕾丝、17mm 鸡眼扣 2 组、大珠子 2 颗、小珠子 30 颗

作品设计\石碧霞老师 情境摄影\Akira 做法摄影\陈启予

编辑\Tammy 美术设计\陈启予

完成尺寸：长28cm，圆直径21.5cm ★附原尺寸图

HOW TO MAKE

侧片（玫瑰花）

1 依六角形的纸型裁出 2 片布片。外加缝份后，标上记号点。

2 将 A 与 A' 的记号处折合重叠，以珠针先固定。

3 将其余的五边依同方法顺时针折叠固定。如图。

4 以纸型在 16cm × 16cm 的坯布上画出完成尺寸的六角形后将花朵放上，并于缝份内疏缝一圈固定。

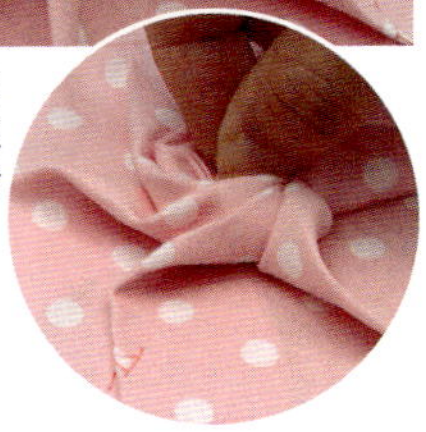

5 利用手指抓出尖点，再以逆时针方向绕转下压。

6 缝住中心点固定后，调整花形。

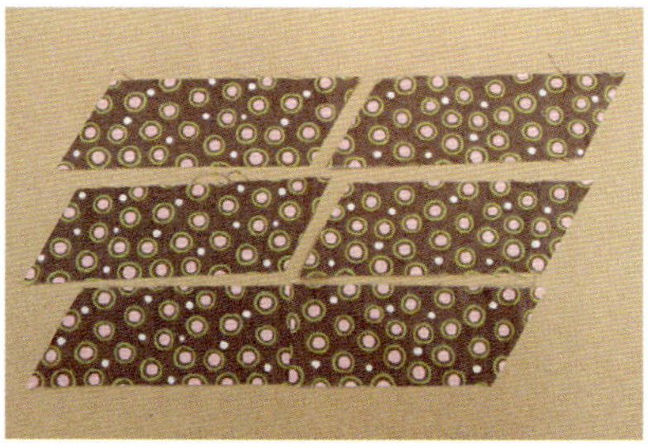

7 取配色布依花瓣的纸型裁下 12 片花瓣布，备用。

8 准备铺棉、步骤 6 的玫瑰花，再放上第 1 片花瓣布，由一端车缝至另一端标记前 0.5cm 收针。

9 接着以逆时针方向，由端到端车缝第 2 片到第 6 片的花瓣。

10 车缝至最后 1 片时，记得要将第 1 片未缝完的部分再缝完，翻至正面。

11 接着以圆形纸型做校正后剪下。完成玫瑰花侧片（共做 2 组）。

袋身

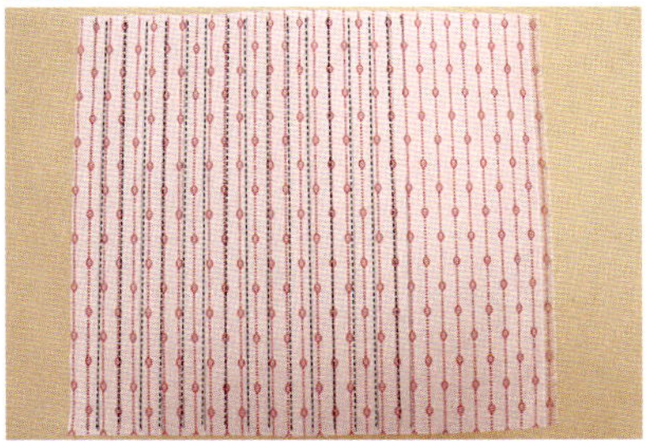

12 袋身前片表布，先依间隔尺寸标示图，画好记号线。

13 各自合并 2 条谷折线，车缝固定。

14 车缝后，将褶子烫平。再连同袋底、后片表布一起车缝组合。

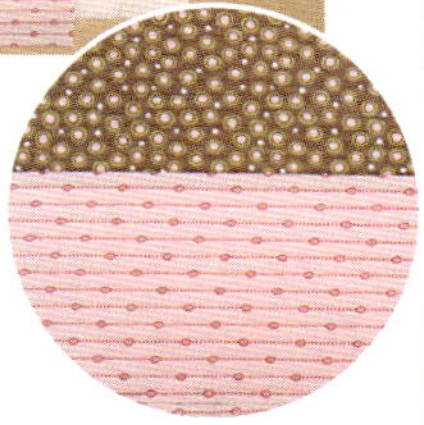

15 接着将表布、铺棉、坯布三层一起压线。步骤 13 的褶子部分压 4.5cm 的直线。其余则压 1cm 的横线。

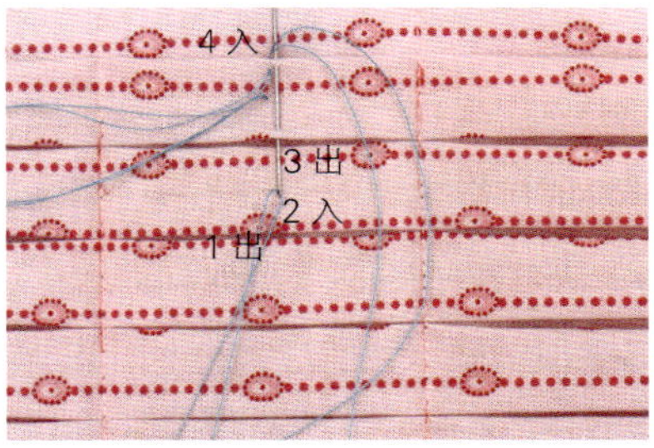

16 将小珠子缝上。

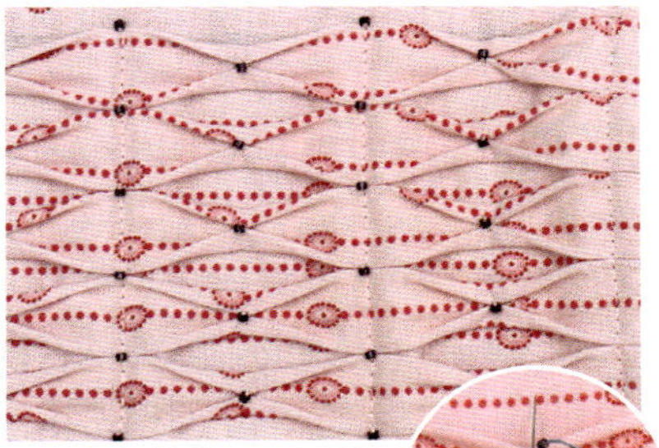

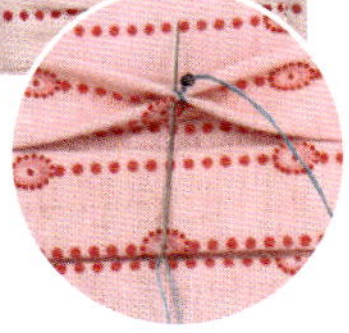

17 拉紧缝线后，完成第一组 5 个褶饰缝。依序完成前片的褶饰缝。

18 袋身先疏缝一圈固定后，剪掉多余的铺棉和坯布，并将前、后片与袋底的接缝处车缝上蕾丝装饰。完成袋身表布。

19 **制作里袋：**45cm × 29cm（含缝份）的里布烫上厚布衬，并依自己喜好制作内口袋。

20 **夹车拉链：**准备 27cm 拉链，再用表、里袋身夹车。

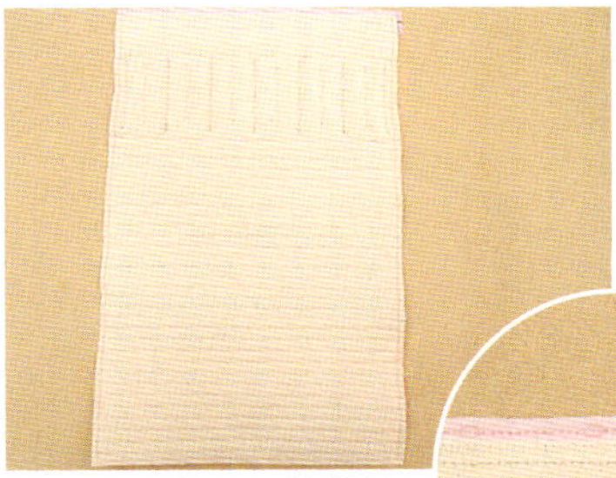

21 翻至背后，修剪掉多余的铺棉。

22 夹车另一侧的拉链，并于正面压上固定装饰线。

23 **制作钩耳片**：将 2 布片正面相对铺上铺棉后，依纸型车缝。以锯齿剪刀剪下，翻到正面打上鸡眼扣。

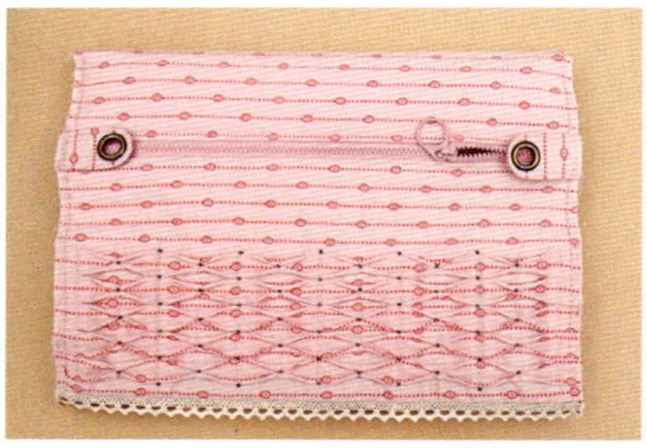

24 将钩耳布车缝固定于拉链的两端中心点上。

25 组合两个侧片。将步骤 11 的玫瑰花圆形侧片，先疏缝到袋身上再车缝组合。

26 将缝份以大针脚卷针缝固定在侧片。

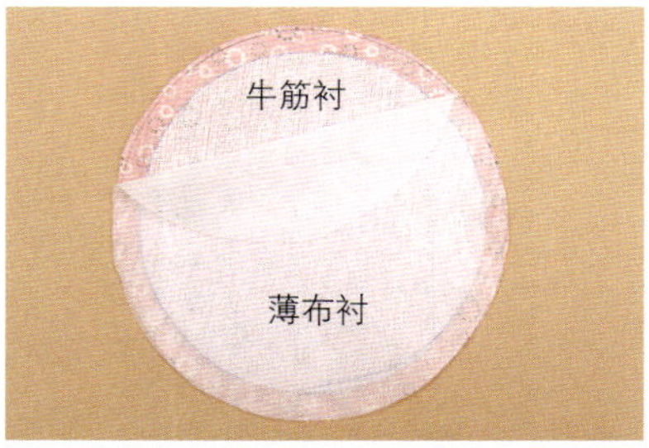

27 制作圆形里布，先烫上牛筋衬与薄布衬。

28 在缝份内疏缝一圈，拉紧疏缝线烫平。

29 先固定四点，再以藏针缝缝合。

30 完成。

一起去探险相机包

利落中带着帅气的条纹牛仔布，
以独特的中性风格创造出极具手感的侧背包，
简单的色系，却有不妥协的心，
完全符合爱冒险的你！

作品设计＼郭芷廷老师 情境摄影＼萧维刚 做法摄影＼林巧佳
编辑＼Lulu 美术设计＼陈启予
完成尺寸：约高30cm，宽36cm，底12cm ★附原尺寸图

材料：

表布①（牛仔布）	90cm
表布②（11号灰色帆布）	90cm
里布	60cm
厚布衬	90cm
洋裁衬	120cm
美国厚纸衬	90cm

配件：

织带、皮扣组、撞钉磁扣
蕾丝、25cm拉链

整烫 / 裁布

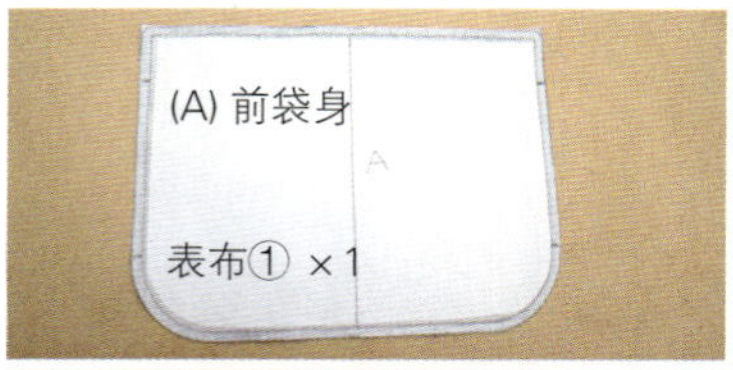

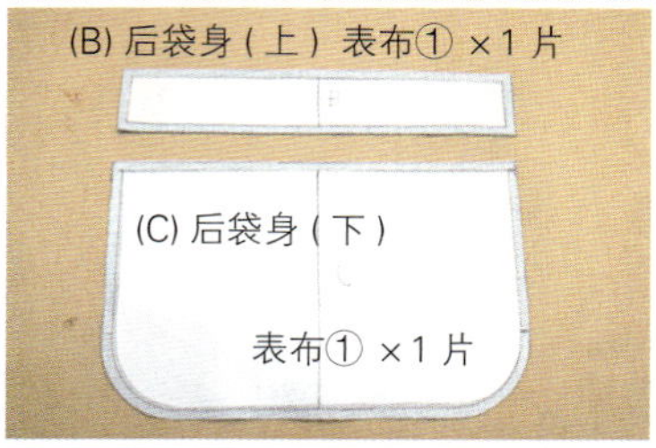

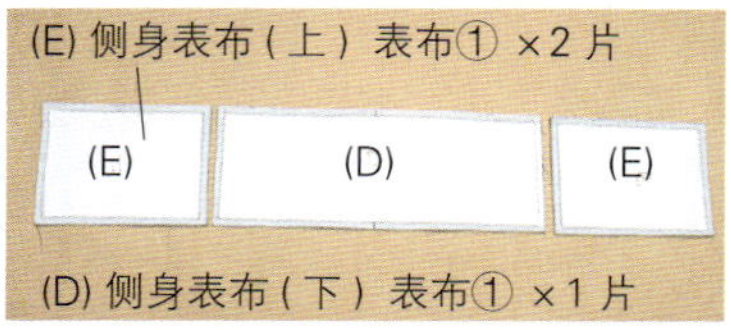

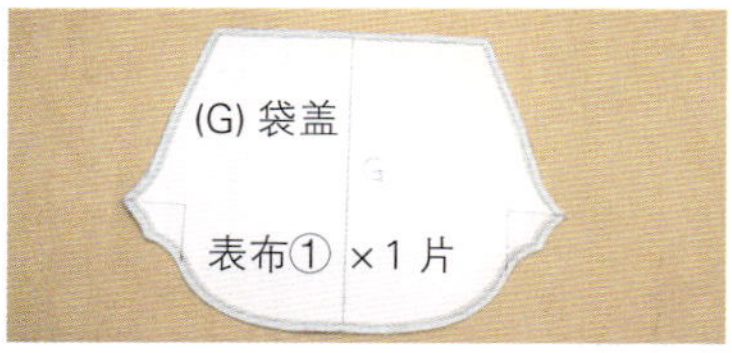

1 请用纸型 (A)、(B)、(C)、(D)、(E)、(G) 分别剪下厚布衬，并将之烫在表布 (1) 上，盖上洋裁衬再整烫一次；两种衬都烫好后，即可用纸型再重新定规一次，画出车缝线并外加 0.7cm 缝份剪下布备用。

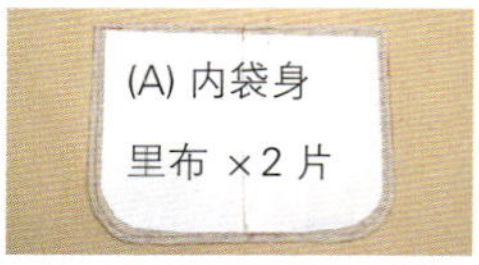

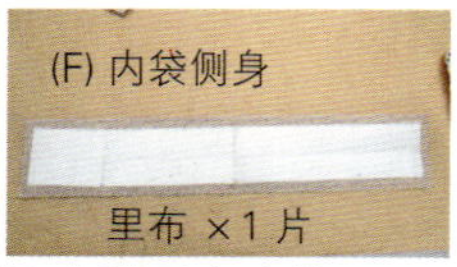

2 另用纸型 (A)、(F) 分别再向内缩 1cm 剪下美国厚纸衬，并将之车缝在里布上后，用纸型再重新定规一次，画出车缝线并外加 0.7cm 缝份剪下布备用。

口袋布裁剪如下：

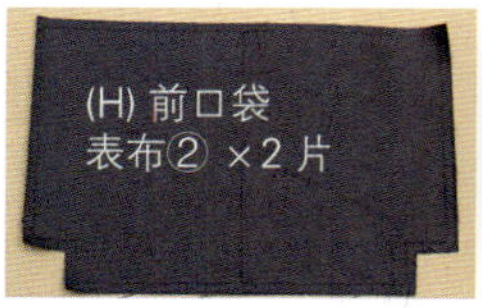

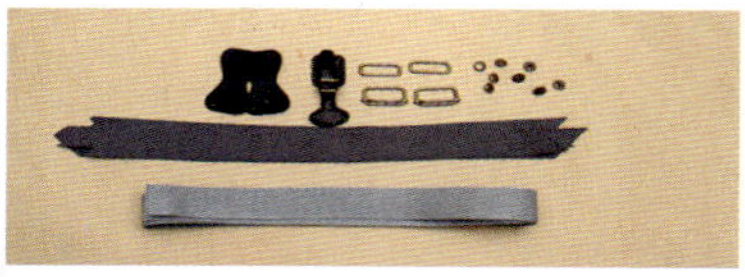

3 其他配件及滚边。

4 斜背提手用布 14.5cm × 150cm。或直接使用 3.8cm × 150cm 长的织带。

HOW TO MAKE

前袋身

1 将前口袋 (H) 袋角车合打底角。

2 2 片前口袋布正面相对车合，将返口留在袋底。

3 车缝好口袋后，转角剪牙口再翻回正面，袋口压线，固定于 A 袋身前片。

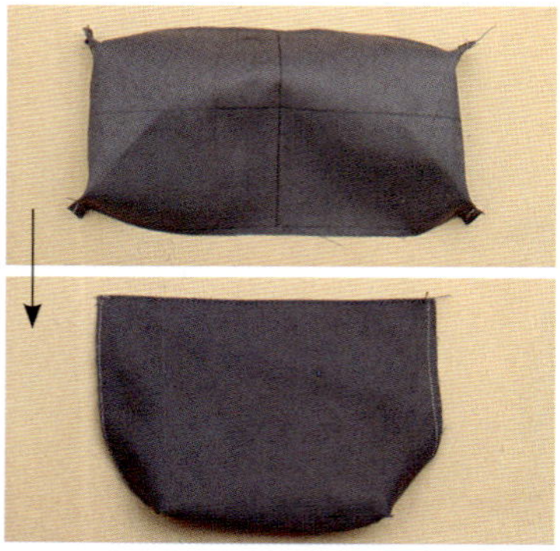

4 侧口袋，先车缝 4 个底角后再对折，将四周疏缝一圈。袋口压装饰线。

5 与侧片对齐袋底后，车缝固定，要注意表布转角处剪牙口。

6 2 个侧片与袋底车合。

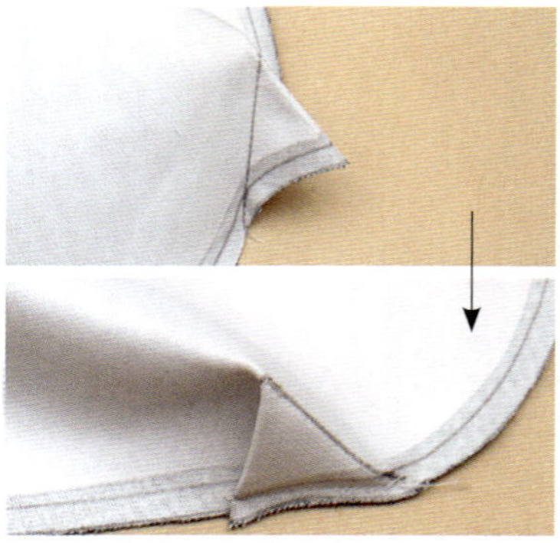

7 取袋盖 (G)，先车合两侧的褶子部分，再将底角对齐袋盖的弧度边缘并车缝固定。

8 2 片袋盖背面相对车缝 U 形固定。

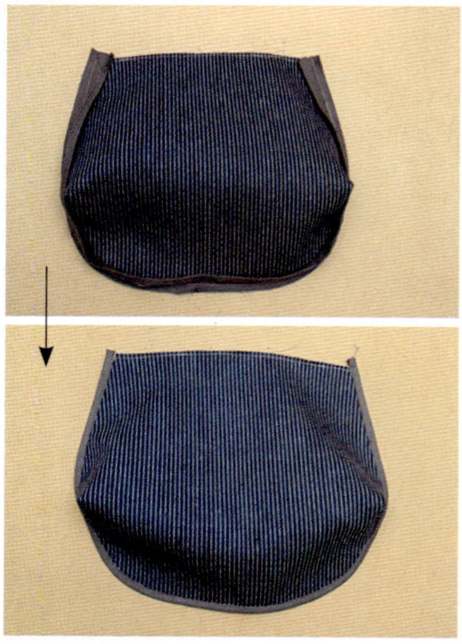

9 用约 80cm 长的滚边条包边修饰。

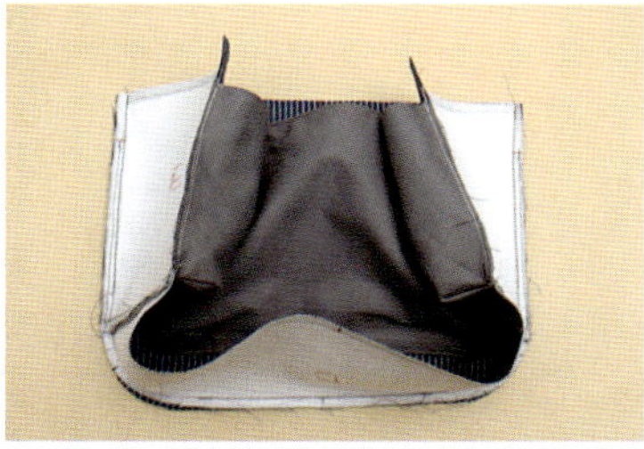

10 接缝袋身，先将接缝好的侧片袋底布与前片 A 组合。

11 袋盖与后片袋身 B 与 C 夹车袋盖 G。

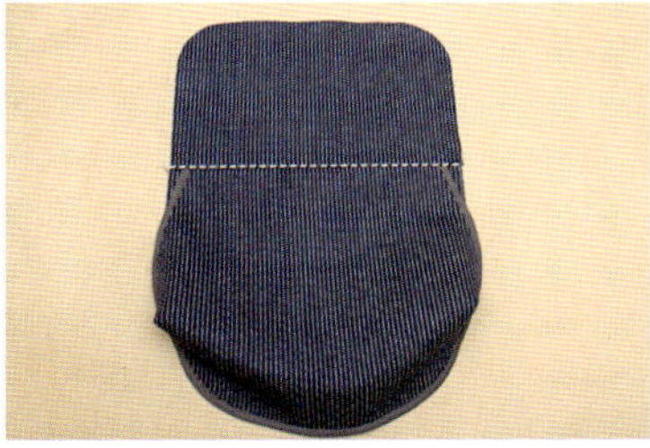

12 正面如图示，并于接缝处车缝一道装饰线。

13 与前片袋做组合。初步完成外袋身组合。

制作内袋

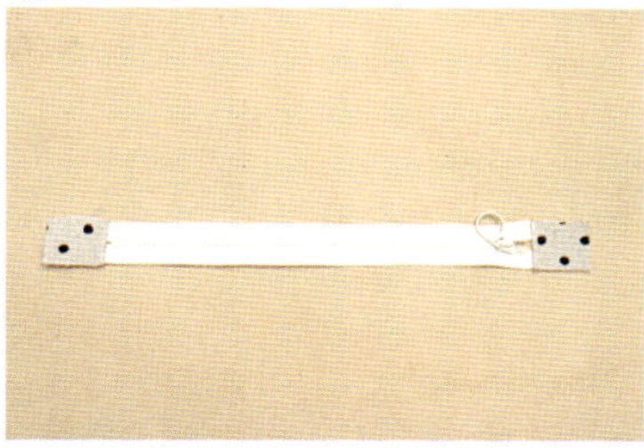

14 裁 3cm × 7cm 2 片挡片对折后，车缝于拉链两侧。拉链头位置最好能空出约 0.5cm，让拉链更好拉。

15 以内袋里布 a 夹车拉链。

16 翻至一侧后，压装饰线并将袋底对齐。

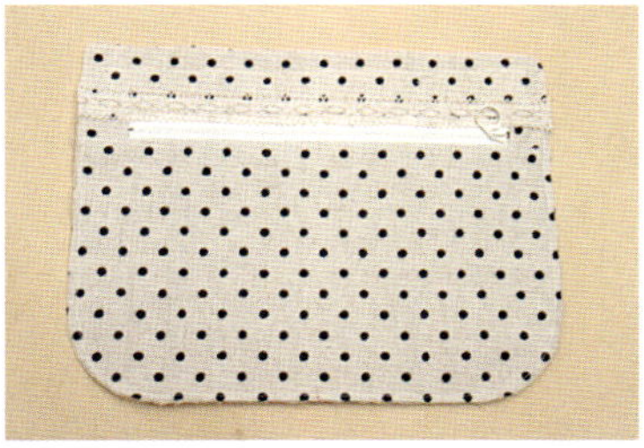

17 固定于 A 纸型的里布上袋底疏缝 U 形，并车缝上蕾丝条装饰。

18 组合内袋，将内袋的前、后片袋身与侧片袋底一起车缝组合。

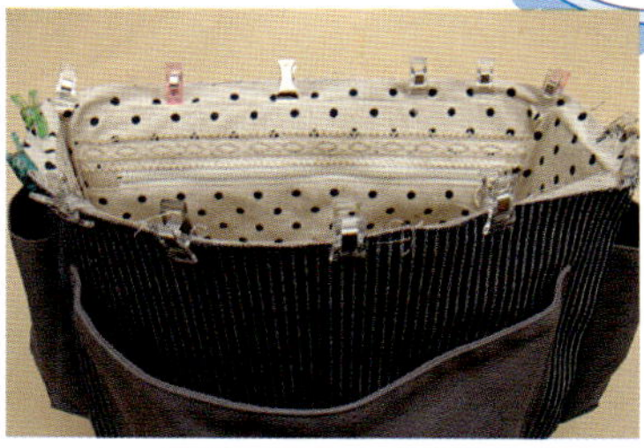

19 内、外袋身组合，内袋身直接套入外袋身里面，沿袋口疏缝一圈。

20 袋口车缝滚边（4cm × 90cm 长的斜布条）。

21 侧边口袋可钉上磁扣及提手五金扣。

22 袋盖则找出相对位置缝上书包扣。

23 最后再自行设计背带扣上即完成。

森林系双镜头袋组

请别把他们当成便当袋和水壶袋哦！

他们可是针对数码相机和镜头量身打造的小袋哦。

整装出游或单独行动，

都能满足大自然的自由行动！

亮颜拼接水饺包

零码布裁成长条，让每个花色都能再展现一次艳丽的美，
拼凑出属于手作的另一种韵味，花漾又时尚。

材料：

各色配色布	宽 3cm	若干条
黑色表布	30cm	
出芽绳	3cm × 120cm	
滚边条	4.5cm × 35cm	2 条
单胶铺棉、坯布		

HOW TO MAKE

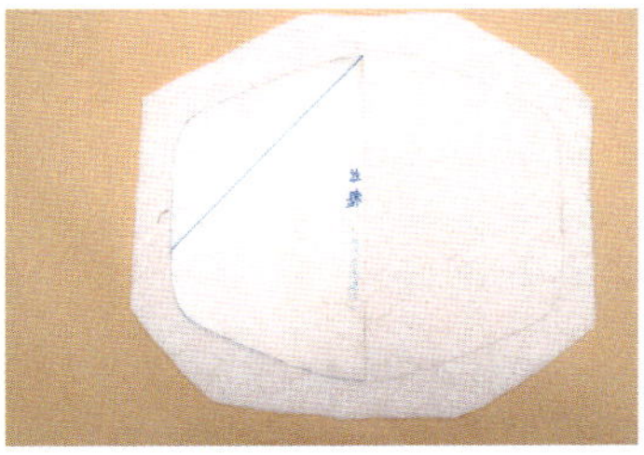

1 单胶铺棉，先依纸型描出袋身位置。

2 将配色布裁成 3cm 宽的直布条，数量可自行增减。

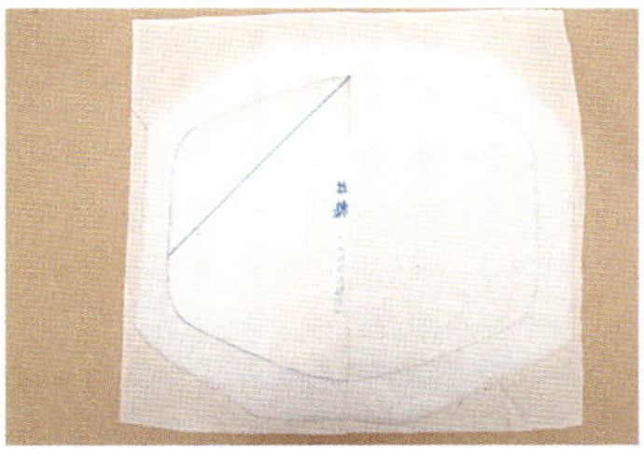

3 将单胶铺棉烫于坯布上。

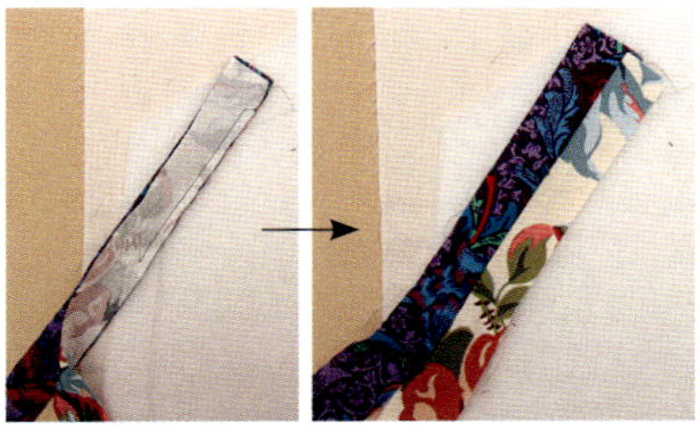

4 以 45 度角将布条两两相对，车缝于铺棉上。再打开。

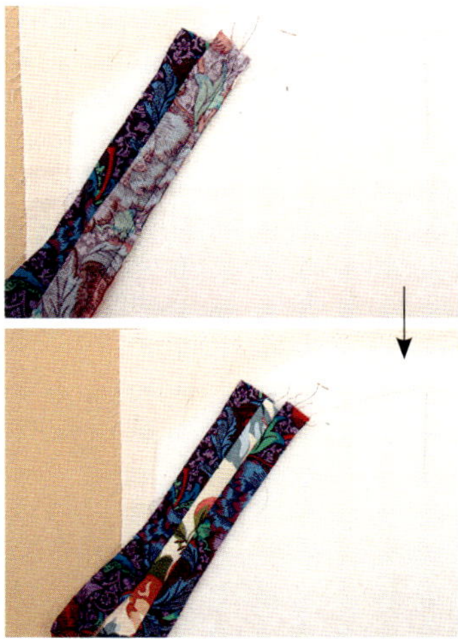

5 接着依序将布条同样以正面相对，如图所示做拼接。

作品设计／张健蓉老师　情境摄影／詹建华　做法摄影／林巧佳
编辑／Tammy　美术设计／陈启予
完成尺寸：约高17cm，宽30cm，底16cm　★附原尺寸图

6 拼接完成一整片。再依纸型校正后疏缝一圈，剪掉多余的布片。

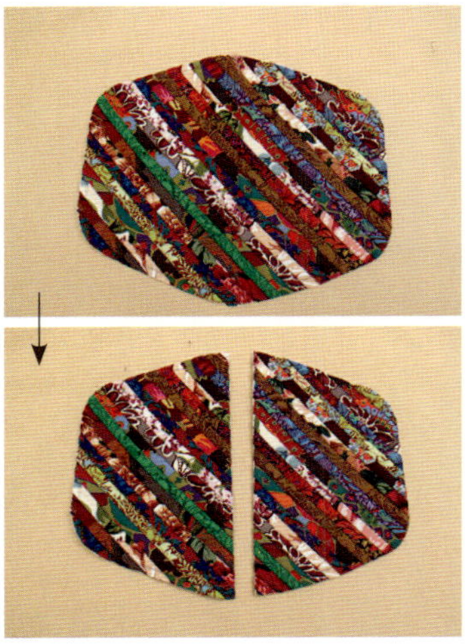

7 完成主袋身片后，由中间裁开。

8

袋底以主布、铺棉及坯布三层一起压 2cm 的斜线格子纹，再依纸型校正、疏缝后剪下，并抓出中心点。

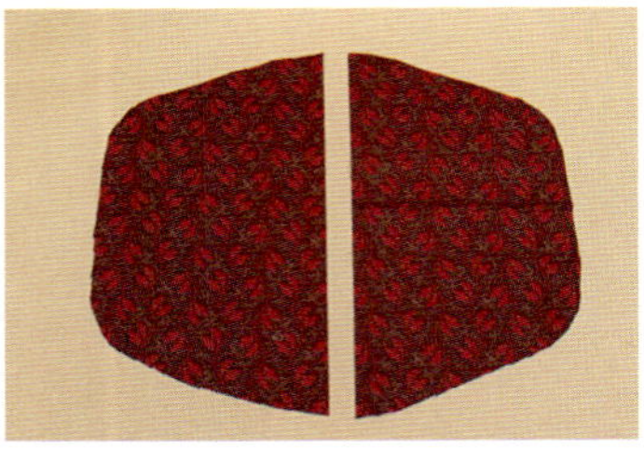

9 裁内袋布，依纸型裁下左、右片里袋布，可依自己喜好制定口袋。

10 取表布与里布反面相对，再用大针脚疏缝一圈。

11 取一滚边条沿袋口滚边。

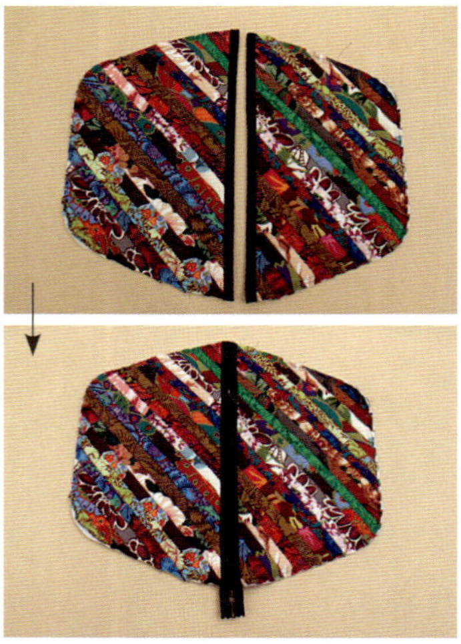

12 完成左右两侧的滚边后，夹车拉链。

13 裁袋底里布，其尺寸要比袋底大约 3cm。疏缝一圈。

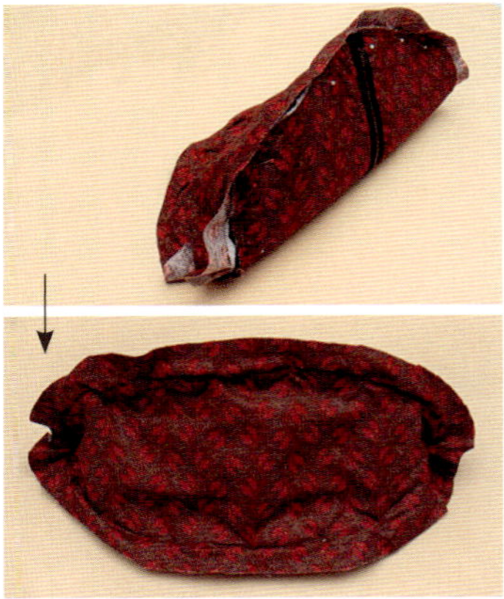

14 如图，将袋身与袋底组合。

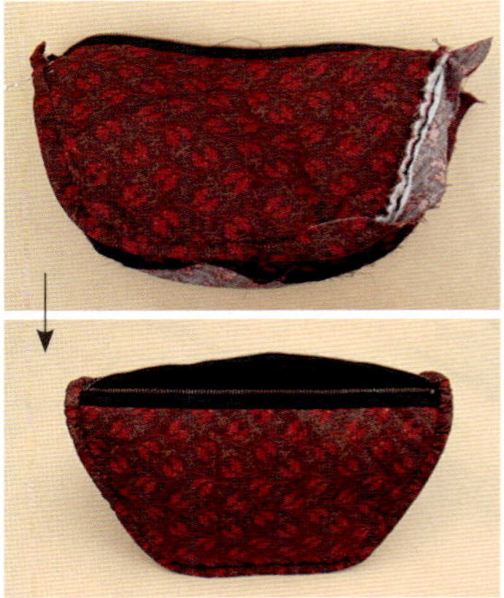

15 利用袋底多出来的缝份，做内袋滚边。

16 翻回正面，完成。

雅逸蓝花斜背包

微凉的温度，带着浪漫的气息，难以捉摸的秋日午后，
穿梭漫步在城市街道中，斜背包中装着无限的好心情！

作品设计\郭珍燕老师　情境摄影\詹建华　做法绘图\韩欣恬
编辑\Tammy　美术设计\陈启予
完成尺寸：约22cm×32cm，袋底11cm　★附原尺寸图

材料：

前口袋

帆布表布＋棉＋洋裁衬

里布（依纸型）、防水布 7cm×23cm

袋盖帆布；里布（依纸型）

袋身

袋身防水表布＋棉＋洋裁衬（依纸型）×2

侧身袋底防水表布＋棉＋洋裁衬（依纸型）×1

4cm×80cm 滚边条 ×1

3cm×80cm 出芽条 ×2

拉链口布 5.5cm×25cm ×2

拉链挡布（依纸型）×1

配件：

30cm、18cm 拉链各 1 条，织背带 4cm×150cm

书包扣 ×1，侧背扣 ×2，提手，问号钩扣

HOW TO MAKE

纸型含缝份 1cm

1 袋身先依纸型裁防水布 2 片需外加缝份，加上铺棉与洋裁衬（或坯布）三层一起压 3cm 的菱格纹。作为前、后片袋身布片。

2 前口袋，依纸型裁下帆布与里布。表布每隔 2cm 压直线，抓中心点车缝上防水的装饰布片。

3 与里布正面相对，留一返口车缝，再翻回正面。上、下各车缝一道装饰线。

4 依袋身纸型上表布的前口袋位置，先将口袋底部车缝固定。

5 将前口袋往上翻，抓好袋底角后车缝两侧固定好前口袋。

6 固定好口袋的前袋身片，先滚一圈出芽。

7 后袋身片取中心点后，由袋口往下 4.5cm 画一个 2cm×16cm 的长矩形。准备一片 16cm×45cm 的口袋布与长矩形车框线。再由中间剪开，两端剪 Y 形固定。

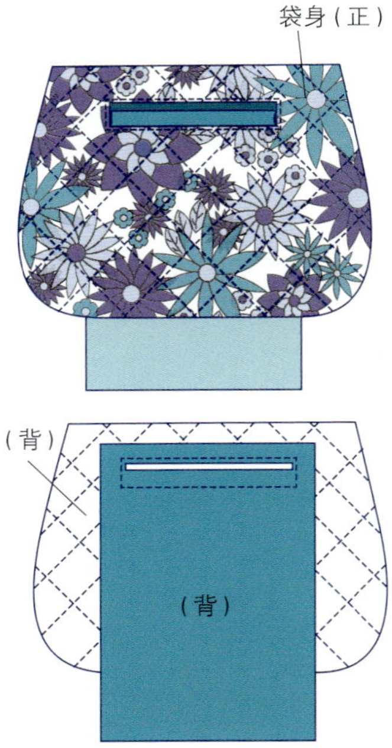

8 将口袋布拉至背面。但下端可留下约 2cm 的布片作为口袋下的布边。上端则不留，再沿框车缝固定线。

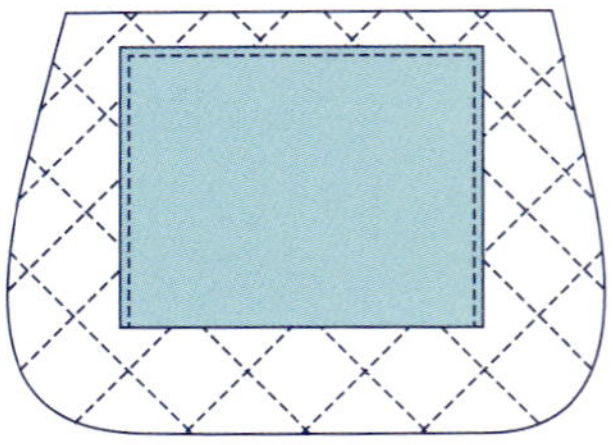

9 翻至背面，将口袋往上对折盖住袋口，车缝⊓形完成一字开的口袋。

10 同样以出芽边条滚一圈。

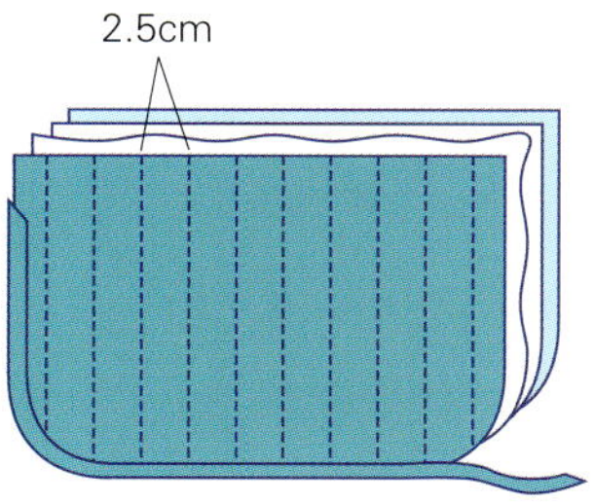

11 制作袋盖，依纸型裁下袋盖表布与铺棉、洋裁衬三层一起压约2.5cm的直条纹线，再与里布背面相对做包边。

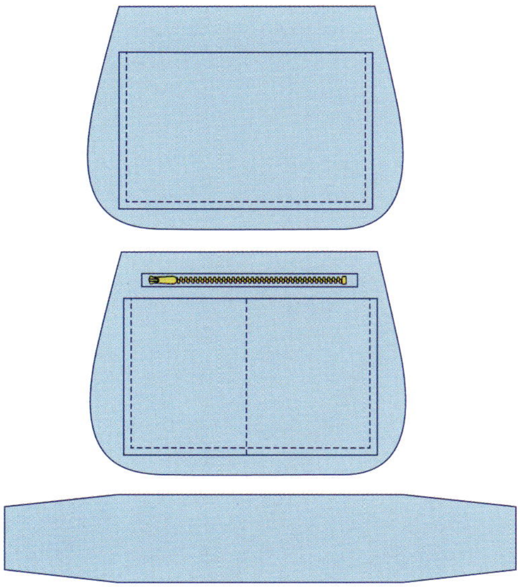

12 里袋，依纸型裁下前、后片里袋身布片与侧边布，并依自己喜好设计口袋。

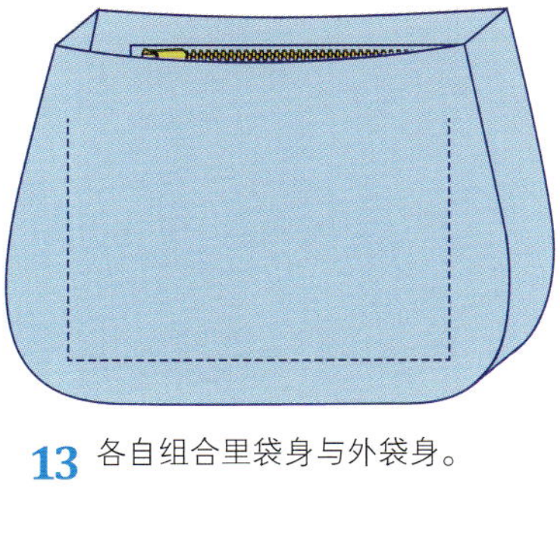

13 各自组合里袋身与外袋身。

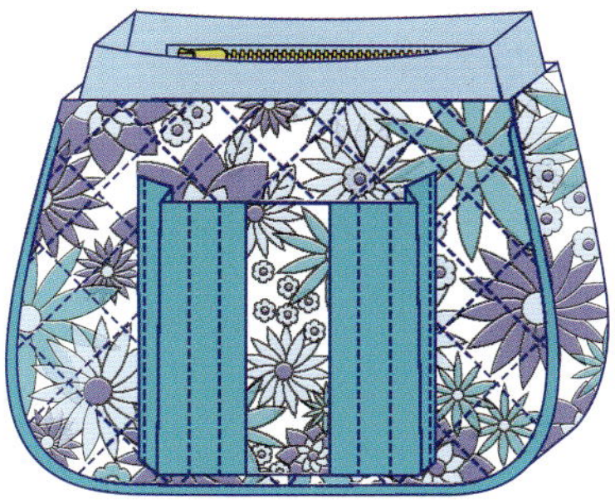

14 再将里袋身套入外袋身内，袋口疏缝一圈。

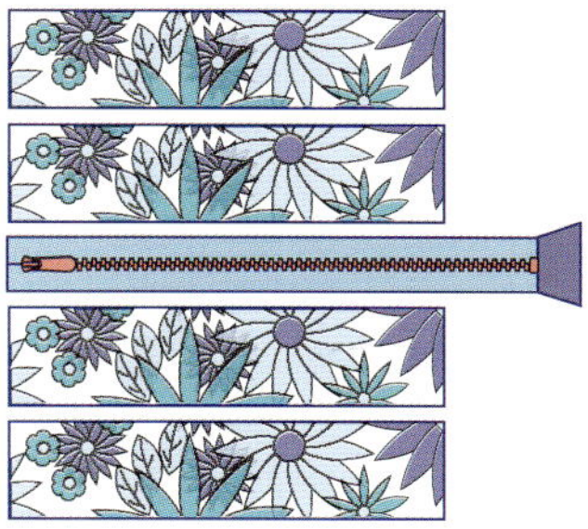

15 裁拉链口布4条，准备30cm的拉链1条，尾端以2片拉链挡布夹车装饰。

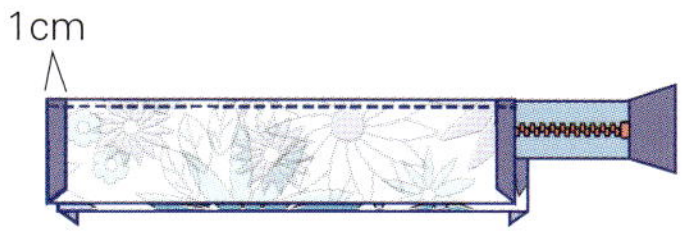

16 拉链口布两侧折入1cm后夹车拉链。

17 两侧口布完成夹车拉链后，由正面压П形装饰线。

18 疏缝固定于袋口上。

19 将袋口以滚边条将内、外袋身与口布一起包边。

20 由后片固定袋盖片。

21 袋盖与前袋身钉上书包扣与提手。

22 两侧夹钉提扣。

23 车缝织带，扣上即完成。

花香新叶扁包

严冬仍闻到花香，
枝芽吐出了绿芽，
告知春就在不远处。
换个心情，换个包，
利落造型肩背包，
可以帅气再出发！

材料：

表布	60cm×45cm
配色布	花布 20cm×20cm 数种
里布	110cm×45cm
铺棉、坯布	110cm×45cm

配件：

提手、磁扣、奇异衬

作品设计、做法文字／陈慧如老师　情境摄影／萧维刚
编辑／Tammy　美术设计／陈启予
完成尺寸：约直径30cm，高20cm　★附原尺寸图

HOW TO MAKE

袋盖

1 准备四五种 20cm×20cm 花布，叠在一起，随兴切割三刀。

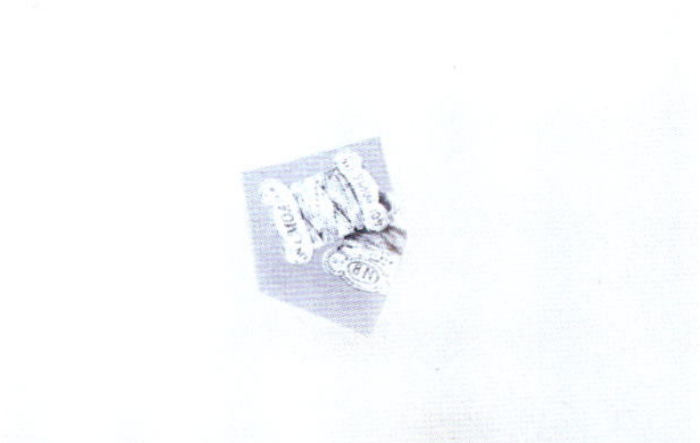

2 剪裁约 5cm×5cm 多角形布片。

3 将多角形布片与剪裁的花布随意拼接。

4 一边拼接一边修剪，再与其他布片拼接，以此顺序拼接。

5 依序拼接至 16cm×18cm。

6 另裁 13cm×18cm 的布片再与步骤 5 的布片拼接。

7 制作小花，在花布背面烫上奇异衬。

8 沿着图案边缘约 0.4cm 剪下图案。

9 撕下背胶，将图案烫贴于表布上，并与铺棉、坯布三层一起固定。

10 利用缝纫机的花样压线装饰。

11 经自由曲线的压缝后，袋盖表布会略缩小。修剪多余的铺棉与坯布。

12 重新测量袋盖表布的尺寸，再裁一片同尺寸的里布。

13 表、里车缝一圈留返口，再将袋盖翻至正面，整烫。

14 裁 30cm×46cm 袋身主布。连同铺棉、坯布三层一起疏缝，并压线完成。

15 将袋盖固定于袋身一侧。

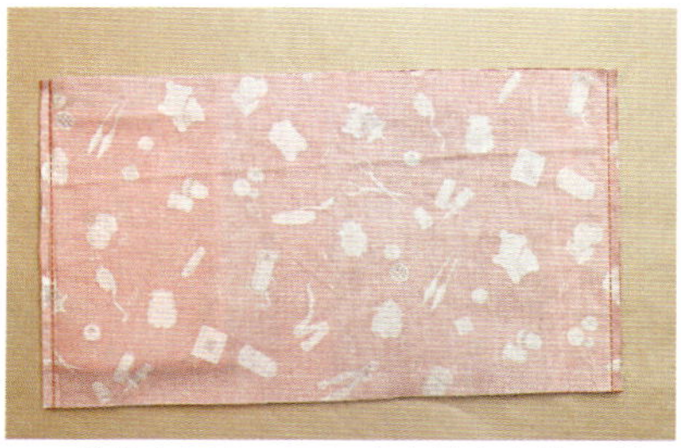

16 裁袋身里布，再与表布缝合车缝两侧，如图示。

17 翻至正面。

18 制作侧边，依侧边纸型，裁下表布、铺棉、坯布三层一起完成压线。

19 完成侧边表布压线后，再裁里布车缝一道。

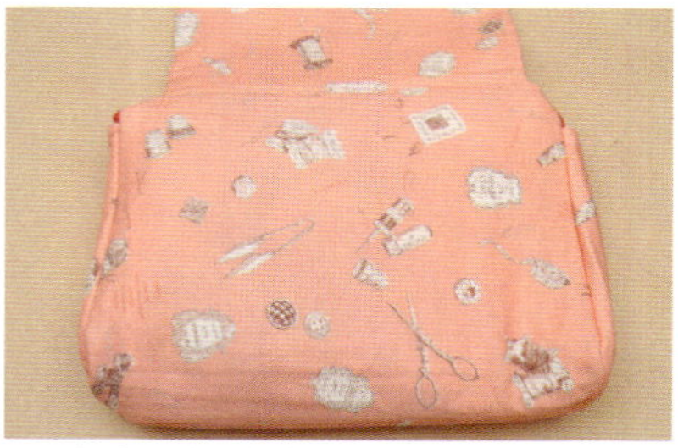

20 组合袋身，将侧边袋片与袋身缝合。

21 翻正面，利用滚边条包边，并多预留提手扣的部分。

22 缝上磁扣固定即完成。

完成图

俄罗斯套娃侧背包

充满异国风情的俄罗斯套娃真讨喜，
圆圆的脸蛋在小碎花领巾的衬托下更显可爱，
1、2、3 排排站，陪你逛街去。

表布 3 色	各 30cm
里布	60cm
铺棉	60cm
侧边布	30cm
滚边布	45cm × 55cm(1/4 码)
蕾丝	4 款
织带	2.5cmx150cm

配件：

拉链 20cm、30cm 各 1 条
日本包扣 2.4cm 2 颗、1.8cm1 颗、1.5cm1 颗、1.2cm1 颗
黑珠子 4cm、3cm、2cm 各 2 颗
3cm 口形环 1 个、3cm 日形环 1 个

作品设计、做法摄影 / 施佩欣老师　情境摄影 / 周祯和　编辑 / Tammyshin　美术设计 / 陈启予
完成尺寸：约长35.5cm，高23cm，底11cm ★附原尺寸图，纸型需外加缝份0.7cm

HOW TO MAKE

纸型需外加缝份 0.7cm

1 依纸型裁好 3 片表布，先进行接缝，再描出外袋框，四周缝份需多留约 2cm。

2 制作娃娃，取配色布画上轮廓后，先贴缝头发部分。

3 再剪出头巾的部分，并预剪出需露出脸部的部分。圆形缝份需剪牙口。

4 依序将各部位进行贴布缝并缝上蕾丝装饰。缝好整个娃娃。

5 将缝好的娃娃再贴缝至表布上。

6 再依纸型缝制另外 2 组俄罗斯娃娃，并以贴布缝缝上。

7 裁后背布及侧边表布，缝份预留 2cm。

8 将所有的表布、铺棉、里布三层一起，再依自己的喜好画背景曲线。

9 曲线与娃娃压好线后，再依纸型校正，并剪掉多余的缝份与铺棉。

10 制作领结，布片两两相对，车缝一圈，需留一返口。再翻至正面，将返口藏针缝缝合。

11 将领结找出中心点后，以缩缝固定于领结位置。

12 缝包扣，再将缝好的包扣缝于领结中心处，作为修饰。

13 缝上珠子当眼睛。背景曲线缝上蕾丝带装饰。完成前袋身。

14 制作后口袋，先依纸型将后口袋的表布做接缝（缝份多留 2cm）。

15 表布、铺棉、里布三层压线，再依纸型裁剪，另裁 4cm 斜布条，将袋口先进行滚边。

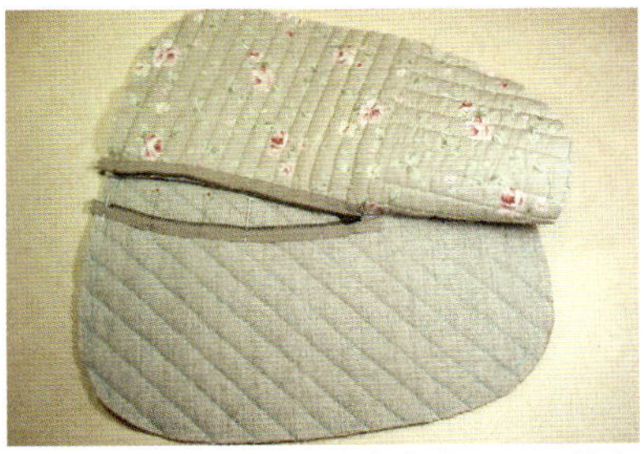

16 结合后口袋与后袋身表布，取口袋左侧先缝上 20cm 的拉链，再与后袋身表布对齐车缝固定拉链的另一侧。

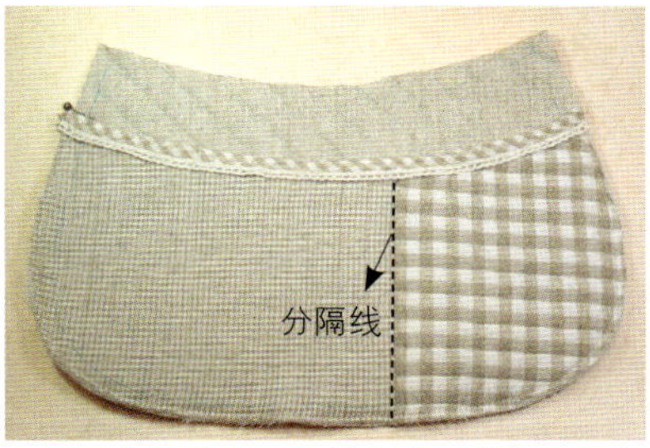

17 口袋的滚边下可缝上蕾丝装饰，再与后袋布对齐先疏缝 U 形部分，并将后口袋车缝上分隔线。完成后袋身。

18 组合袋身，表布前、后片和侧身接合并滚边完成组合。

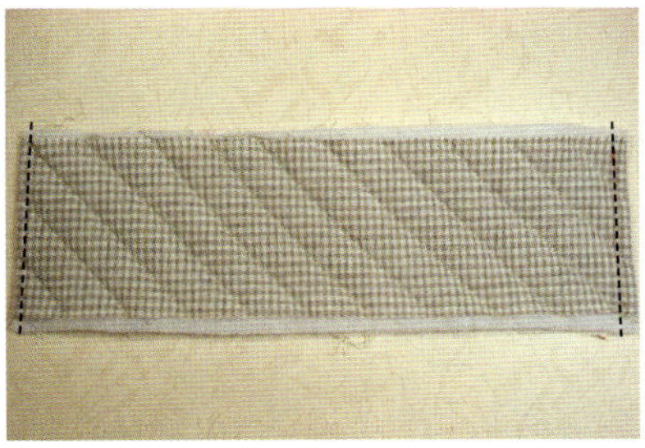

19 拉链口布，裁 28cm×7cm 的表、里布与铺棉，表、里布正面相对，铺棉在下。左、右车缝 0.7cm 再翻至正面，以 45 度角压斜线。

20 裁成 28cm×3cm 两片后，各取一边做滚边。

21 缝上 30cm 的拉链，尾端可用包扣装饰。

22 织带车上蕾丝装饰，并将织带穿上口形环及日形环做成可调式的背带。

23 组合拉链口布，取中心点将背带及拉链口布组合，先疏缝固定。

24 沿袋口滚边一圈。完成可爱的俄罗斯套娃侧背包。

乐活休闲包

群山环绕，四季在山峦之间玩起颜色游戏，
这快意的山间小居总让人心生向往，
于是生活在都市丛林里的我们，
最适合这款自行搭配的斜肩包！

材料：

主布（手染布）	70cm×110cm
配色布	适量
三层棉	90cm
里布	90cm
布衬	90cm
纸衬	60cm

配件：

绣线、提手、皮片挂钩、
16cm 拉链、36cm 拉链

作品设计＼黄惠兰老师　情境摄影＼C.CH　做法摄影＼韩欣恬
编辑＼Yshin　美术设计＼陈启予
完成尺寸：约长32cm，宽30cm，底7cm　★附原尺寸图

HOW TO MAKE

后袋身

1 主布，以直布裁成宽 3.5cm、长度不限的布条。

2 将所有的布条接缝成一长条，长度自定，若不够长可再续接缝。

3 三层棉的背面先描出袋物轮廓位置，留缝份 1.5cm 后，将布条两两相对以 45 度角车缝上。

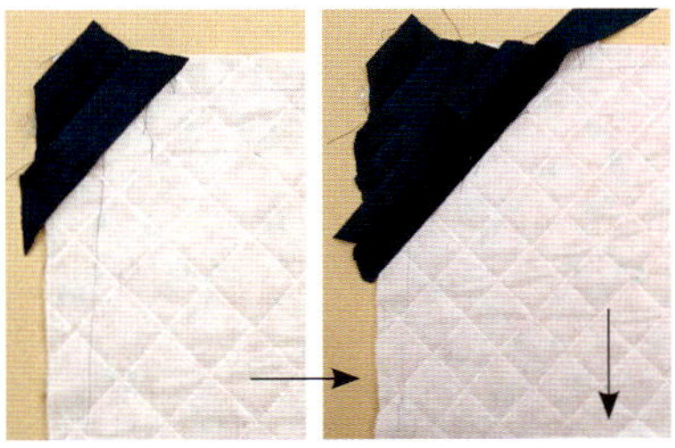

4 布条留缝份，剪掉多余的部分，将布翻回正面，并依序将布片一一车缝上。

5 车缝完整面后，再依纸型校正画出轮廓线，疏缝一圈并剪掉多余的缝份。

6 袋底同样取三层棉，逐一车缝上布条至整面后，再疏缝裁剪出袋底部分备用。

前袋身贴布

7 利用纸衬的透明度直接描图，但需外加缝份 0.7cm 并标示记号以免混乱。

8 留缝份剪下纸衬。正面做记号，反面同样要做上记号备用。

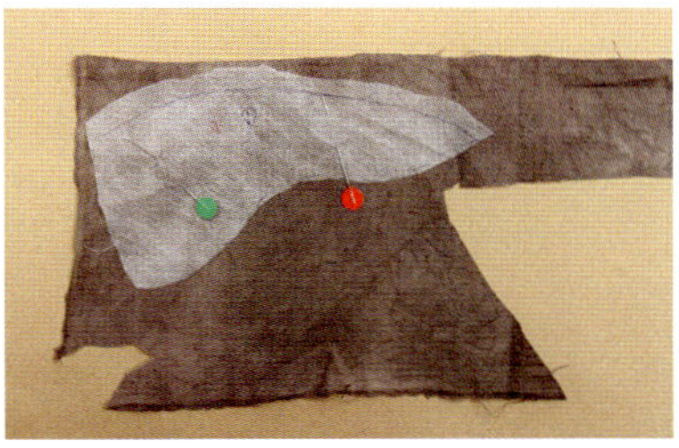

9 将剪下的纸衬直接以珠针固定于配色布片上。

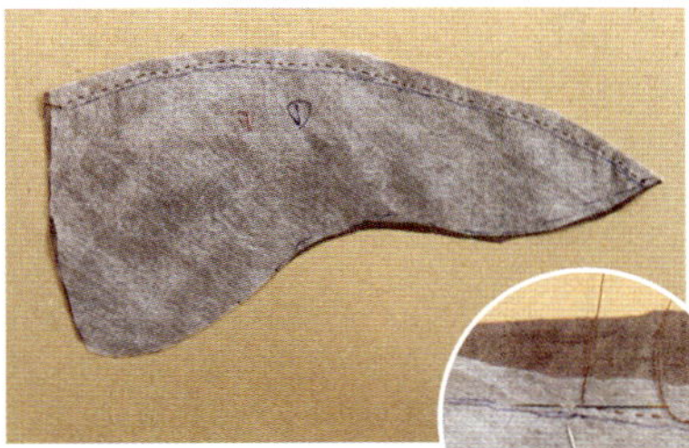

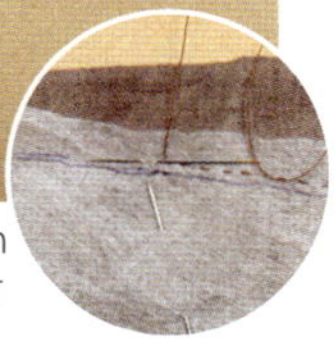

10 实线的上方约 0.2cm 处，以平针缝将布片与纸衬缝合固定。

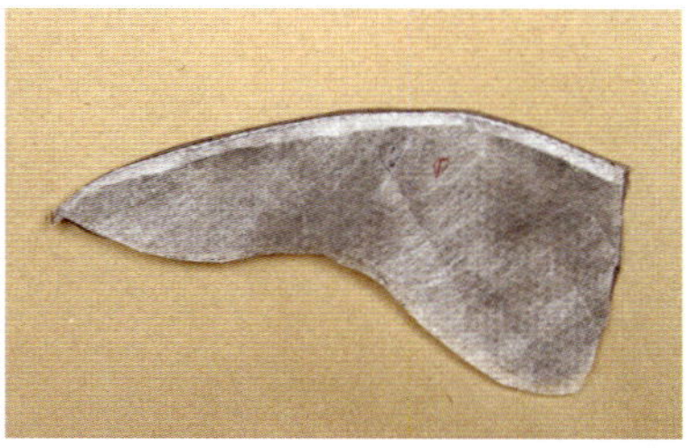

11 剪下区块布片，将纸衬翻至布片背面，并将缝份往下推，纸衬不外露。

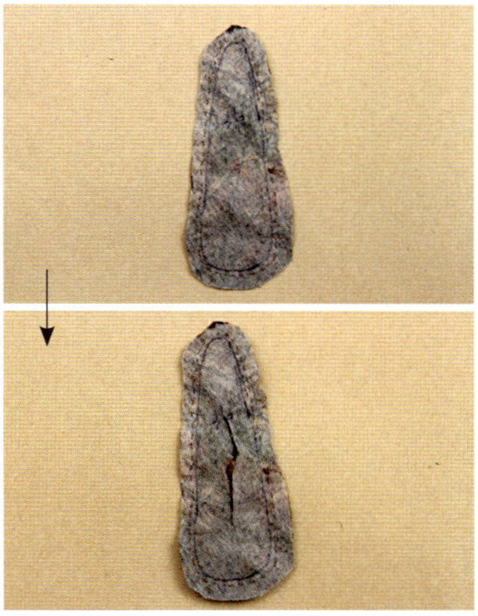

12 同样将纸衬固定于配色布的正面，以平针缝合一圈后，由中间剪开（无返口翻法）。

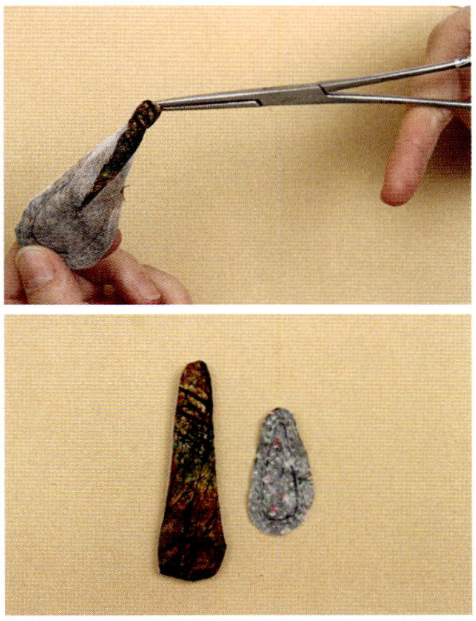

13 用返里钳将布片拉出，翻至正面整烫。

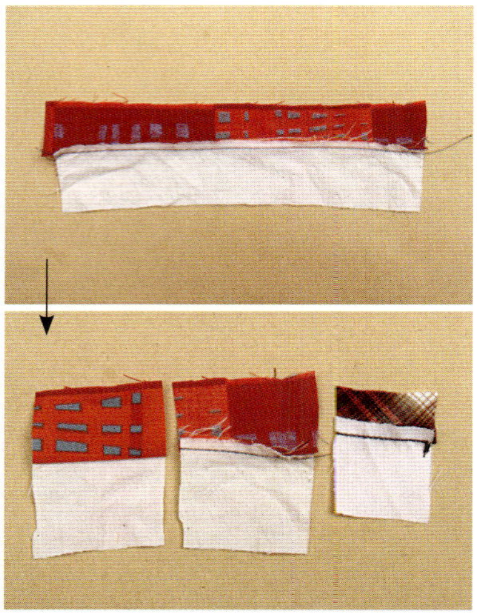

14 准备屋顶与屋舍的布片各 3~5cm，以针距 1.7cm 或 1.8cm 车缝后，依房屋所需的大小剪下布片。

15 折出房屋形状的缝份，并以少量的白胶黏合并烫平。

16 做好两间重叠的房屋，同样也用白胶作为黏合的组合固定。

17 图案的组合，例如树的位置组合、山的位置等都是利用纸型来对准位置，并以白胶稍加黏合后，备用。

18 将各局部图案布片在纸型对好位置，并稍加黏合后，再整片搬到三层棉上与主布对准位置。

19 将布片连同三层铺棉一起做贴缝。

20 绣上树枝与装饰部分，取 1 股绣线并以轮廓绣完成图案上的装饰绣。

21 完成前表袋的贴布缝。袋身可依纸型先疏缝出基准线。

内袋

22 依纸型裁下前、后片内袋表布与侧边袋底布，并烫上厚布衬。

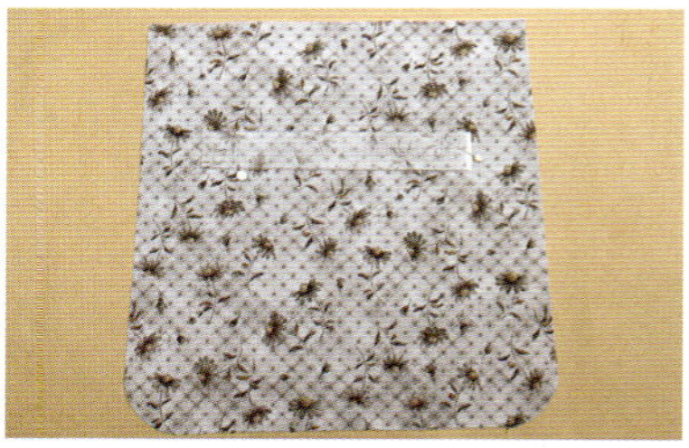

23 制作一字形口袋，裁 3cm × 22cm 布片，由中间画出 0.6cm × 16.5cm 的矩形，置于其中一片里布上，以珠针固定。

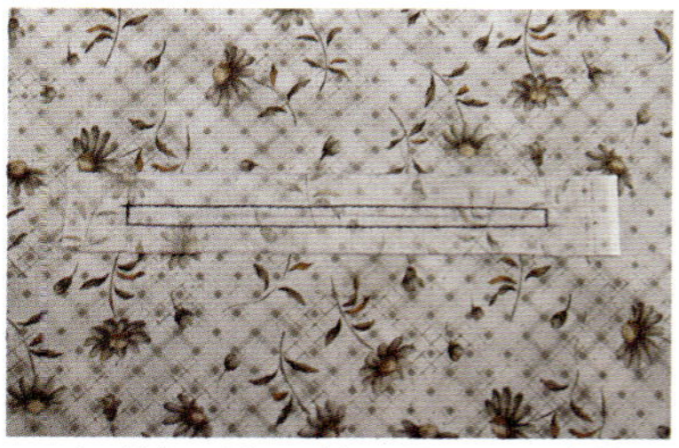

24 沿着矩形框，针距调至 1.7 车缝一圈。再由中间剪开，两端需剪 Y 形。

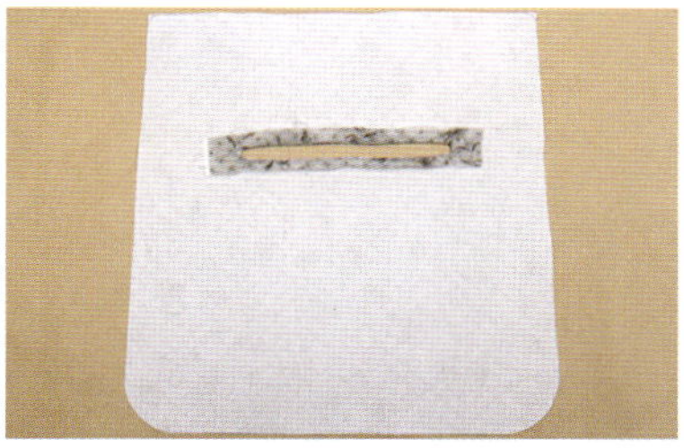

25 将矩形外的缝份往背面推。

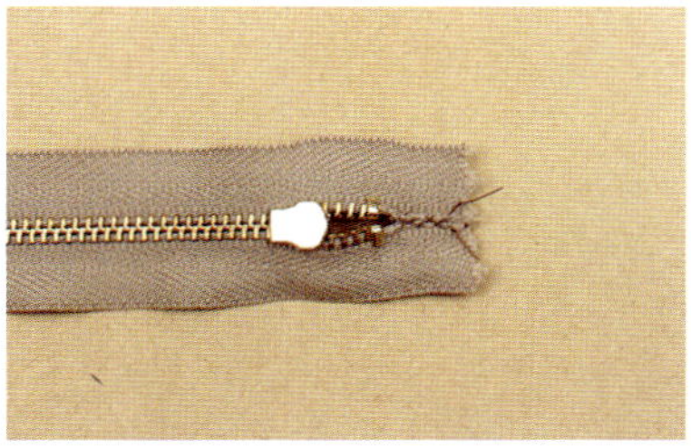

26 如图缝合 16cm 的拉链头。

27 取 20cm × 30cm 的口袋布，将拉链直接车缝固定。

28 接着将步骤 25 的矩形开口对准拉链正面。

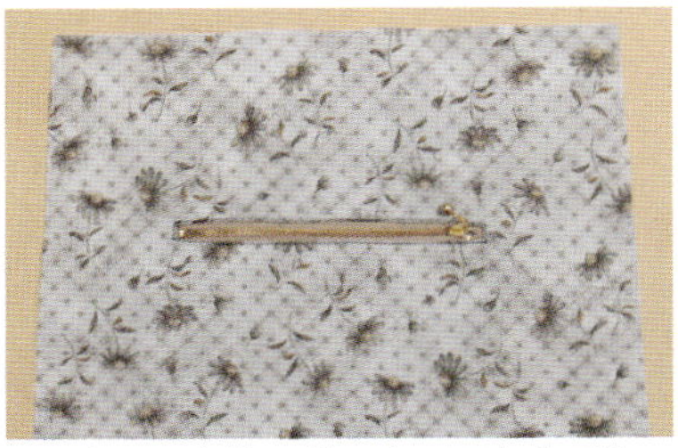

29 由正面车缝一道固定，再由背面将口袋布往上对折盖住拉链后，再翻至正面车缝 U 形固定。

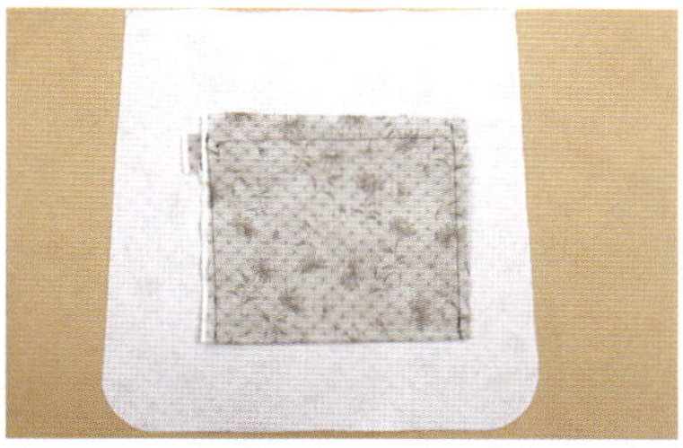

30 翻至背面，车缝两侧完成一字形口袋。

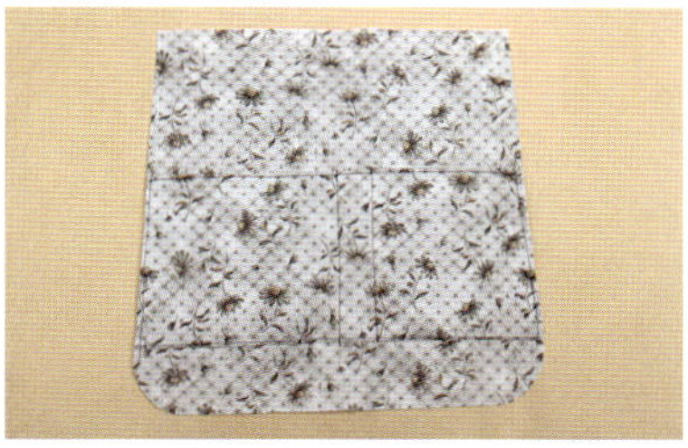

31 另一面里布则可自行设计车缝贴式口袋。

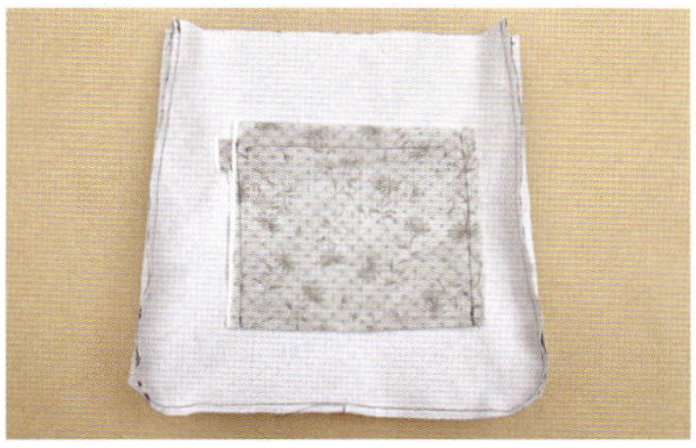

32 内袋组合，将前、后片袋片与侧身边车缝组合。

33 再组合外袋身。

34 裁拉链口布 6cm × 32cm 2 片后，对折车缝两侧固定。

35 车缝于拉链两侧。

36 组合袋身，将内袋套入外袋内。再将拉链口布对齐，疏缝一圈。

37 沿袋口滚边一圈。

38 完成滚边，并缝上侧片皮扣，即完成。

绕绕线轴斜背包

最能代表缝纫图形的“线轴”，
一直是拼布人最受欢迎的图案之一，以正方形为中心
做对称的设计，刚好用来做手缝与配色练习，
单一或拼接成串都有不同风味，
想甜美还是沉稳，就等你来试看看！

作品设计＼吕淑惠老师　情境摄影＼萧维刚　做法绘图＼韩欣恬
编辑＼Yshin　美术设计＼陈启予
完成尺寸：约长33cm，高23cm，底10cm　★附原尺寸图

裁布材料：

主体布 30cm、里布 45cm		前口袋包边条	4cm × 25cm
前拉里里布	24cm × 26cm	袋口包边条	4cm × 68cm
浅配色布 3 色	14cm × 18cm	袋底出芽斜布条	3cm × 72cm
深配色布 8 色	5cm × 25cm	72cm 出芽绳	

配件：

35cm、15cm 拉链各 1 条

HOW TO MAKE

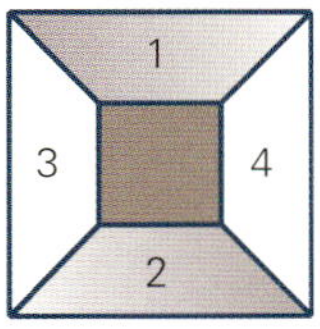

1 依纸型先画下线轴图形的布片，依顺序拼接出线轴图形。需 18 个。

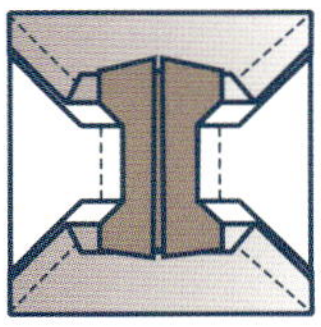

2 缝份的倒向如图。

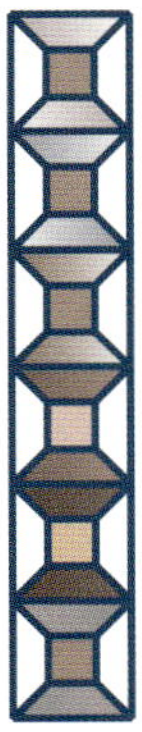

3 将每 6 个接成一长条。共 3 条。

4 裁 5.5cm × 25.5cm 的 B、C 主体布及 1 片 24.5cm × 25.5cm 的 A 主体布；再与线轴长条拼接完成外袋身表布。

5 备齐铺棉、坯布后，将外袋身表布三层一起压缝，并于图形上落针压线。备齐铺棉、坯布后，将外袋身表布三层一起压缝，并于图形上落针压线（手缝）。

6 依纸型裁袋底布与 1 片 24.5cm × 25.5cm 的袋身 A'。并同样与铺棉、坯布三层一起做压缝装饰。

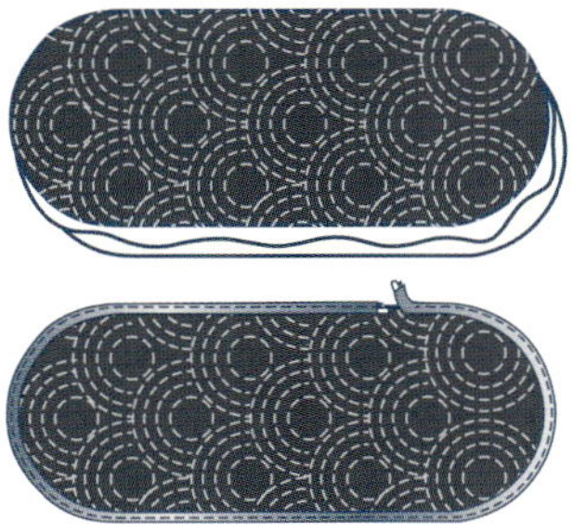

7 袋底先疏缝出芽边条。

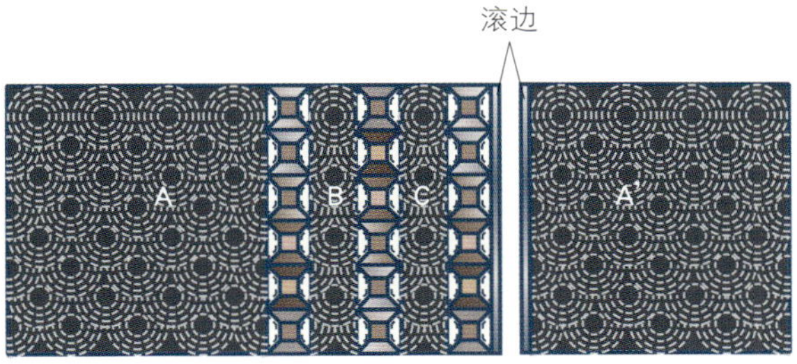

8 取步骤 4 与步骤 6 中 A'布片，单边先车缝滚边条。

9 前口袋，缝好单边滚边条后，先以藏针缝缝上 15cm 拉链，上端预留 2.5cm 不缝。

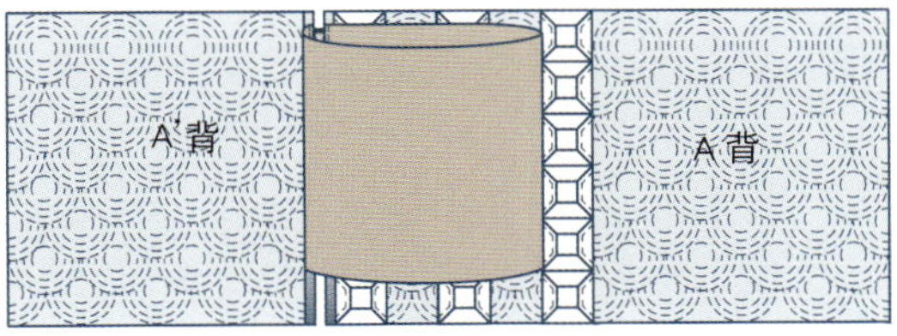

10 准备前拉链里布缝上。

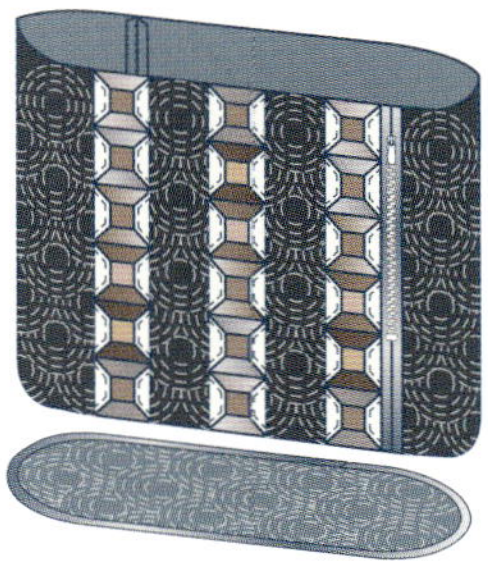

11 组合侧袋身，将 A 身 A' 两侧接缝，再与袋底接缝完成外袋身。

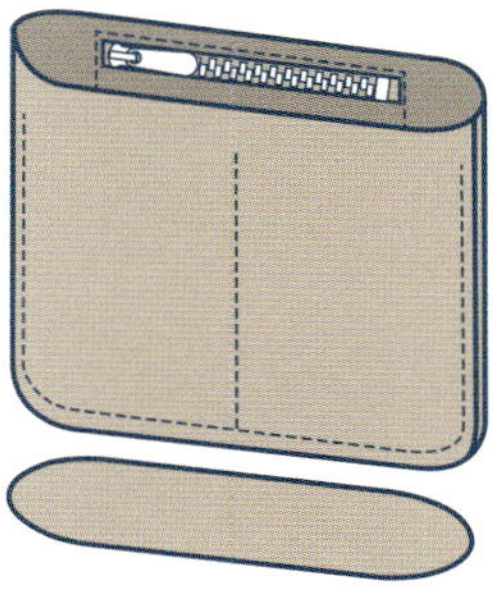

12 制作内袋，裁 25cm × 67cm 里布，袋底依纸型裁下，并依自己喜好设计内口袋。

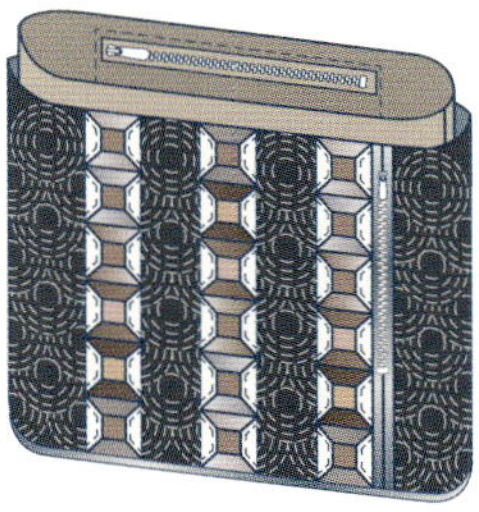

13 组合内、外袋，将组合好的内袋完成，套入外袋内。

14 袋口车缝包缝，再缝上 35cm 拉链。拉链前后端可用包扣夹缝做装饰。

15 两侧钉上扣带组，扣上织带做成的背带即可。

线轴零钱包

手边的线轴图案，横看、竖看都有型，

也像极了绅士蝴蝶结，索性缝个零钱包，

送礼自用两相宜！

完成尺寸：约长18cm，高6.5cm，底6cm

我爱贴布缝

I Love Applique

集合美丽花色的小布片，
用藏针缝完成的可爱贴布图案，
一起来玩吧！创作贴布缝的想象空间！

万圣节精灵提袋

用先染布的质感拼接节庆的温暖，戴着高帽的小精灵害羞地带着扫把前来，是万圣节呢！南瓜也装扮得缤纷可爱来做伴。

作品设计、做法文字 / Shinnie老师　情境摄影 / C.CH　编辑 / 刘芝颖
做法绘图 / 林巧佳　美术设计 / 韩欣恬　完成尺寸：约长18.5cm，宽25.5cm，底4cm　附原尺寸图

HOW TO MAKE

★材料

* 表布
* 贴布配色布 13 色
* 滚边布
* 铺棉
* 坯布
* 里布
* 布衬

★配件

* 造型扣 1 颗
* 花皮扣 1 组
* 提手 1 组
* 蕾丝花边
* 咖啡色、米色绣线

裁布尺寸（缝份需外加）		
前片布	a.b.c.e.f.g	2cm × 7.15cm
	d	14cm × 21.5cm
	h	10.5cm × 2cm
	i	7.5cm × 2cm
	j	4.5cm × 2cm
	k	13.5cm × 2cm
后片布	L	18cm × 25.5cm
侧片布	M	4cm × 62cm

1. 依尺寸所示裁好各色用布，并拼接成前片表布。

2. 完成布片 (a ~ k) 拼接的前片表布，依图示贴缝顺序完成贴缝，为表布 A。裁下后片布 L 及侧身布 M。

3. A、L、M 皆加铺棉、坯布三层压线，贴布图形可落针压线，其余可依布纹压格子、线条。前片表布压线完成后，缝上造型扣并依图示完成刺绣。

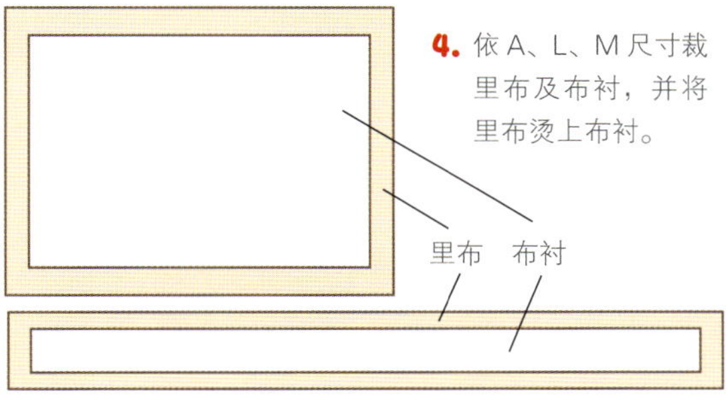

4. 依 A、L、M 尺寸裁里布及布衬，并将里布烫上布衬。

5. 分别将表袋及里袋组合 (A 加 M 加 L)，缝上 0.7cm 滚边 (先缝单侧，另一边先不缝)。

6. 依记号线缝上提手及皮扣。

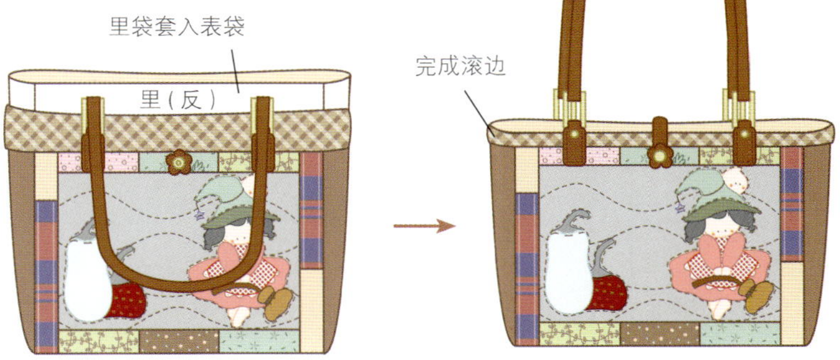

7. 将里袋套入表袋中，完成另一侧滚边缝合，万圣节精灵提袋即完成。

乌克丽丽弹片收纳包

作品设计、情境、做法摄影／Ann老师　编辑／刘芝颖　美术设计／韩欣恬
完成尺寸：约长13cm，宽6cm　附原尺寸图

暑假期间女儿参加了学校的乌克丽丽体验营，经过短短两个星期的密集教学，她已经可以自弹自唱、自得其乐了。今年的暑假有别于以往，家中多了阵阵悠扬的乌克丽丽琴声。

看到女儿天天拿着乌克丽丽练琴，快乐地刷和弦，感觉得到她真心喜爱弹奏这个乐器。女儿还拿了一些彩色纸板，DIY了许多乌克丽丽弹片，看她热衷于制作弹片，我也不甘寂寞，做一个小小的弹片收纳包给她吧！看看上头的贴布小熊，就像孩子一样，很认真地弹着乌克丽丽呢！

HOW TO MAKE

1. 依照纸型，制作表布小熊贴布图案。

2. 以深咖啡色耐水性细笔画出小熊的表情，以及贴布图案的装饰线条。

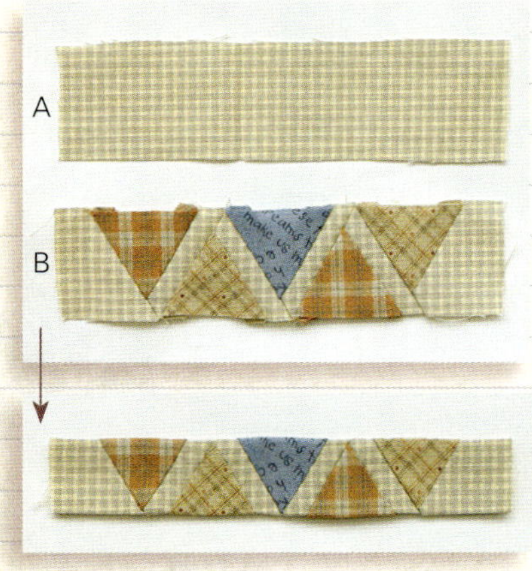

3. 制作两条拼接图案布条：参照纸型拼接布片 B，裁剪与 B 相同尺寸的 A，将 A 和 B 正面相对，加上薄布衬，车缝上、下边后翻至正面，以熨斗烫平。

4. 依照纸型将步骤 3 的两条布条疏缝于表布，参考照片虚线位置车缝固定。

5. 将步骤 1 及步骤 4 的表布正面相对，加上棉衬，车缝⊓形，留下方返口不缝并翻至正面，缝合返口后，缝上两对暗扣。

6. 将弹片放入，下方与上方分别往中间折叠，扣上暗扣即完成。

狐狸小领巾

作品设计、情境、做法摄影\Ann 编辑\王义馨 美术设计\韩欣恬

完成尺寸：长79cm，宽10cm 附原尺寸图

天凉了，又到了需要围巾保暖的时候了！女儿有很多条长围巾，但是对于习惯在校园里蹦蹦跳跳的小朋友来说，长围巾容易松脱而影响活动力，所以我打算为她做一条利落又保暖的小领巾。

要做围在脖子上的领巾，我的脑海中马上想到小狐狸的造型，除了优雅的脸蛋、瘦瘦的脚儿，还要有一条漂亮的尾巴。完成之后，瞧着一只小小狐狸圈在孩子的脖子上，看起来真的好可爱喔！

领巾内部用的是刷毛布，尾巴可以穿过小狐狸的头部来固定领巾，狐狸领巾其实很中性，我觉得小男生围应该也很帅！应女儿的要求，在狐狸耳朵上缝上一朵小花，今年冬天，多了一只温暖的小狐狸来陪着她啰！

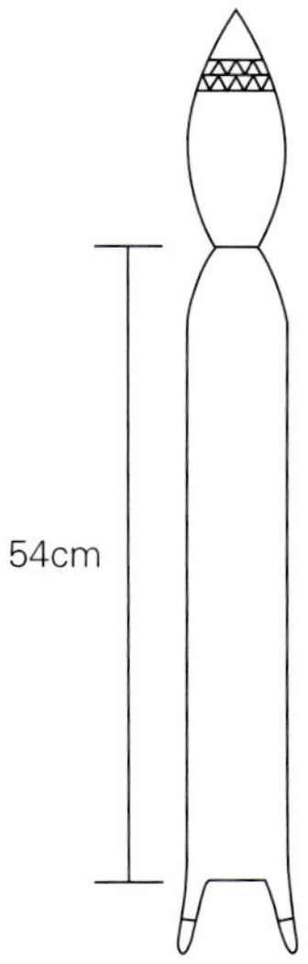

How to make

1. 依照纸型制作尾巴及脸部的表布：尾巴采用拼接方式，脸部及耳朵用贴布方式制作。

2. 将1的表布背后烫上薄衬，裁剪同样大小的咖啡色刷毛布作为里布，表布与里布正面相对，车缝一圈（预留返口），翻至正面后缝合返口。将狐狸脸部缝上眼睛，再缝上黑色不织布鼻子。

3. 制作领巾：
领巾长度请参考图示。将表布拼接好狐狸脚部，裁剪同样大小的刷毛布，两片正面相对，车缝一圈（留上方当作返口），从返口翻至正面，将尾巴插入返口处，再以藏针缝缝合。

4. 参照纸型位置，将狐狸两只耳朵上方、脸部下方，以藏针缝固定在领巾上，当作穿过尾巴的开口。

5. 缝上装饰小花，完成狐狸小领巾。

印象留影手拿包

把最爱的宠物照片转印成一张张可爱的小图案，熨贴于自制的手拿包上，拎着晃啊晃，可爱又引人注目。

作品设计\游如意 情境摄影\Akira 做法摄影\Tammy
编辑\Yshin 美术设计\韩欣恬
完成尺寸：约长16cm，宽10.5cm 附原尺寸图

拼接示意图

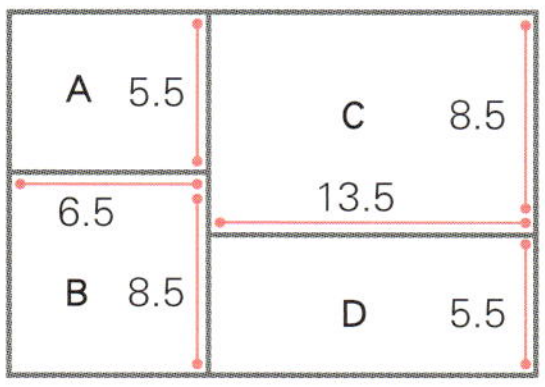

材料

- 前布片：（尺寸不含缝份）
- A：6.5cm×5.5cm
- B：6.5cm×8.5cm
- C：13.5cm×8.5cm
- D：13.5cm×5.5cm
- 口袋布：11.5cm×13.5cm
- 后背布：20cm×14cm
- 滚边条 4.5cm×40cm
- 襻带布 4cm×6cm
- 20cm 拉链

HOW TO MAKE

1 拼接A～D 4片布片。将中间缝份烫开。

2 拼接完表布尺寸约20cm×14cm。

3 表布、铺棉、坯布三层一起压线，间隔1cm。

4 挑选数码照片，先用编辑软件将照片方向反转，用专门的打印机印在布用转印纸上。

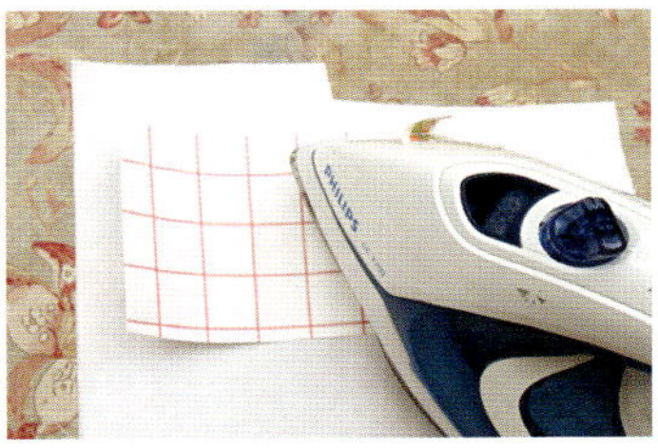

5 照片正面朝下，用熨斗烫于素布上。

6 撕下背胶，再将白边修掉。备用。

制作布标

7 利用透明胶片，切割出自己所需的字样，作为字的型版。

8 裁一块比所需布标略大的布片，对上字的型版。

9 压克力颜料和调合剂(1：1)充分混合后，以型染笔直接拍印上色。

10 如图完成，并烫于奇异衬上。

11 撕下背胶，再烫于美国棉上。要留白边。

12 以纸型在步骤3的表布上画出外袋身的实际位置。

13 选锯齿花盘，针距1.1cm、幅宽3.0cm，选用40或50号的线，压缝图案与布标。

14 后背布、铺棉、坯布三层一起压线，间隔1cm。

HOW TO MAKE

15 沿着袋身实线以最大针脚疏缝一圈(放样)。

16 沿着袋身留一圈缝份，剪下，袋口则不用留缝份。

17 车缝两个底角的打褶线。

18 依全纸型裁下里布2片。

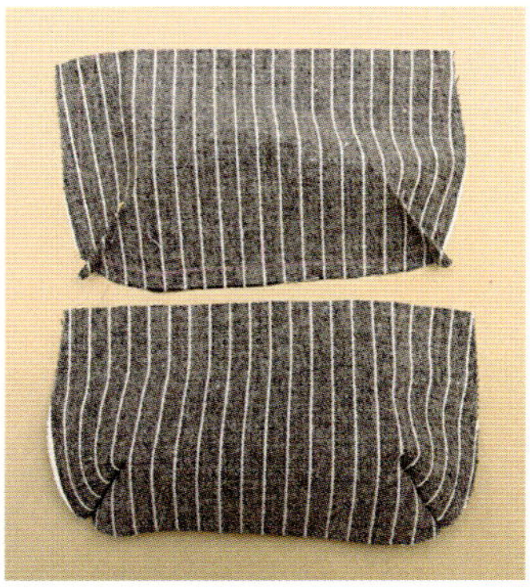

19 袋底折线车缝。

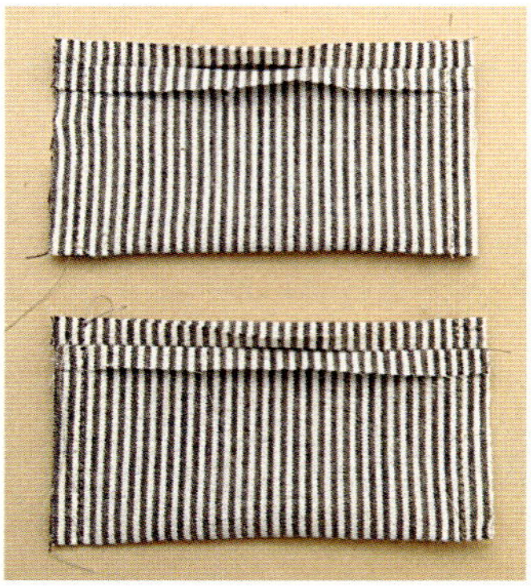

20 2片口袋布对折车缝，留一返口。缝份置于一侧。再将口袋翻于正面。

21 各自车缝上口袋。

22 外袋身、内袋身各正面相对车缝三边，并夹车扣襻带。

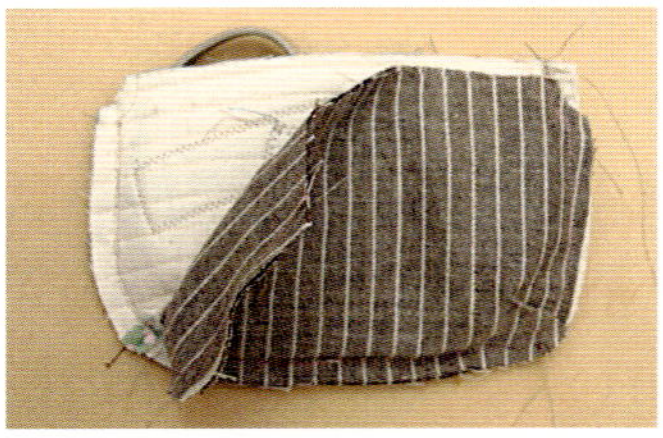

23 内、外袋分别车好后，两组反面相对，将袋底先车缝组合。

24 翻回正面，将袋口疏缝一圈，其袋口一侧则留有缺口。可用卷针缝将内外袋的缝份缝密合。

25 袋口与拉链疏缝固定。

26 缝上滚边条，做最后修饰。

扣上皮扣条即完成。

作品欣赏

记忆深处

老照片的背后，总有个属于你或我的故事。
老照片获得新生，如同打开时光隧道，
回到那段充满生命力的感动岁月，
心里充满激动。

万圣娜娜长夹

蓝色星星的魔法棒，南瓜先生张大嘴巴，
TRICK OR TREAT，不给糖娜娜就要捣蛋啰！

材料			
前表布	13cm×22cm	坯布	33cm×23cm
后表布	21cm×22cm	铺棉	32cm×23cm
里布	22cm×80cm（左边夹层）	滚边条	4cm×100cm
	115cm×9cm（右边夹层）	贴布用配色布	数片
	10cm×22cm（左边夹层）	厚衬	17cm×7cm×1片（中间夹层）
	16cm×19cm（中间夹层）		8.5cm×22cm×1片（内夹层侧片）
	16cm×19cm（内夹层侧片）		

作品设计、做法文字、摄影／潘妤莹老师
情境摄影／C.CH
编辑／刘芝颖
美术设计／韩欣恬
完成尺寸：约长21cm，宽10cm
附原尺寸图

HOW TO MAKE

1. 于表布上依序完成贴布缝。

2. 南瓜脸贴布顺序：先将眼、鼻、嘴剪开，下方衬配色布贴缝好，再完成纸型上的 22 号贴布。

3. 将贴好的表布与另一片主布车缝，铺棉后三层压线，再修正版型。

4. 绣线：
头发 1 股，轮廓绣；
魔法棒 6 股，轮廓绣；
南瓜发 2 股，轮廓绣加雏菊绣。

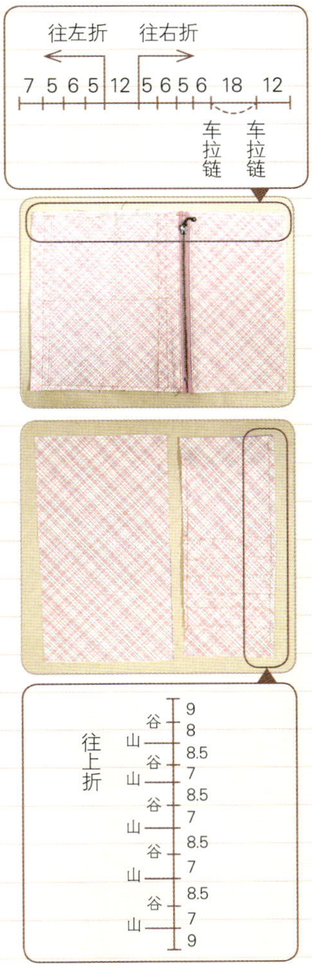

5. 依图示制作夹层。

6. 将 10cm × 22cm 的里布与制好的夹层车缝起。

7. 完成后左边 1cm 处车缝压线。

8. 将夹层车缝步骤 5 的右侧。

9. 制好的夹层与表布缝合。

10. 依纸型裁内夹层与侧片厚衬烫入里布，留缝份车缝翻回正面压上装饰线。

11. 侧片与夹层车缝。

12. 完成好的夹层与表布车缝。

13. 将四周滚边。以压克力颜料画上眼睛，粉红色笔画腮红，取一股绣线绣上眼睛、睫毛、嘴。

14. 缝上支件即完成。

圣诞节
娜娜送礼物束口包

挂满礼物的圣诞树，让雪人开心地唱着歌，
快点许个小心愿，娜娜备好礼物要送给你啰！

作品设计、做法摄影／潘妤莹老师　情境摄影／小詹　编辑／义馨　美术设计／韩欣恬
完成尺寸：约高42cm，宽35cm　附原尺寸图

材料

- 表、里布 39cm×88cm2 片
- 贴布用配色布数片
- 坯布 22cm×28cm 1 片
- 铺棉 22cm×28cm 1 片
- 拉链 15cm 1 条
- 绣线适量

配件

- 背带棉线 160cm 2 条
- 铆钉环 2 组 (1cm)

How To Make

1 于表布上依序完成贴布缝，并加上铺棉与坯布三层一起压完线后，再疏缝一圈，修正版型。

2 绣线：
雪人鼻子(结粒绣6股)
眼睛(直线绣1股)
娜娜头发(轮廓绣1股)
礼物(轮廓绣2股)
鞋(直线绣6股、结粒绣6股)

3 剪39cm×88cm的内、外表布2片，取表布先依纸型画出位置后，剪下。

4 将步骤1的表布对准镂空位置，疏缝一圈。

5 沿贴布缝表布缝合一圈后，在四周以6股绣线缝结粒绣。

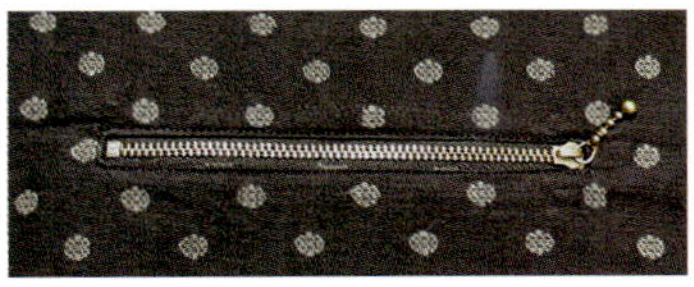

6 外袋身表布背面可依个人喜好设计内口袋，此示范是开15cm的一字形拉链口袋。

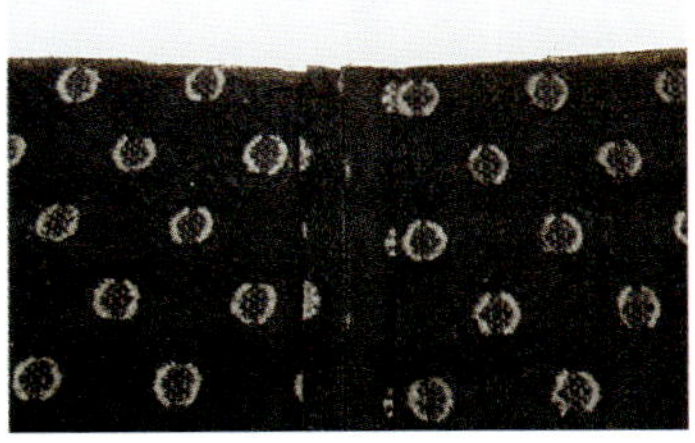

7 表袋与里袋正面相对接缝，上方约1cm处车缝一道，并烫平。

8 内、外袋身各自车缝左右两侧，内袋一侧需留返口10cm，上方束口处左右各留3cm。

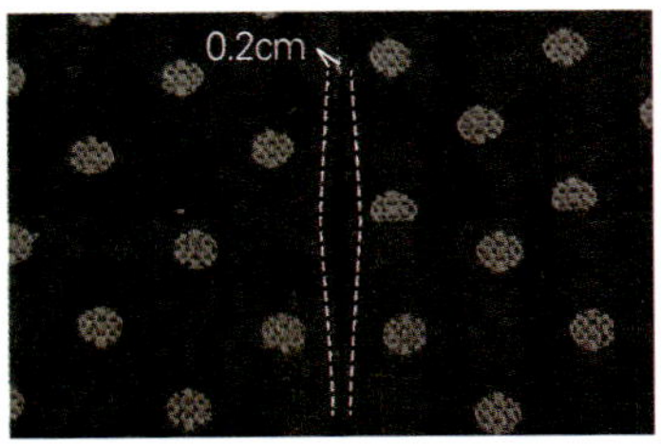

9 将内、外袋身套好后翻回正面，束口处0.2cm处缝一道线。

10 将袋身进行整烫，袋口距离2cm处缝一道间隔线。

11 穿入束口绳。

12 画上眼睛(压克力颜料)、腮红(色铅笔)、嘴(绣线1股)。

13 可以背着去送礼物的背包完成啰！

第5回

幸福的彩虹乐章琴袋

小华用乌克丽丽刷出恋人的絮语，小芭轻声和唱爱恋的声音，用两颗心跳相同的节奏，谱出彩虹般幸福的乐章。

作品设计、做法摄影／雪小板老师　情境摄影／C.CH　编辑／刘芝颖　美术设计／韩欣恬
完成尺寸：长60cm，宽24cm，底8cm　适合于23英寸乌克丽丽　附原尺寸图

How to make

材料

- 仿皮布
- 配色布
- 铺棉布
- 布用复写纸
- 冷冻纸
- 贴布绣衬纸
- 奇异衬
- 单胶棉
- 115cm 拉链
- 宽 2cm 人字织带 320cm
- 出芽条 300cm
- 日形环 ×1
- D 形环 ×2
- 狗环 ×2

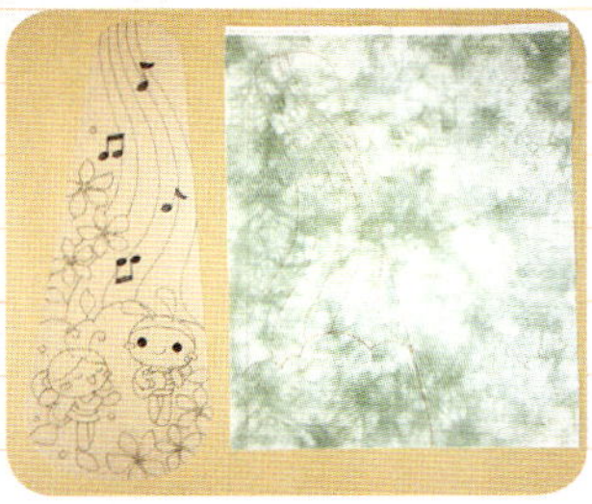

1. 将彩虹图形的位置描绘于背景布上。

2. 奇异衬依彩虹形状剪下后，熨贴于彩虹的配色布上，再熨贴于背景布上。

3. 同样方式将地面、云朵及花朵熨贴完成，并在轮廓做密针贴布缝。

4. 依纸型修正版型（多留 2 ~ 3cm），背面烫上单胶棉，疏缝一圈固定。

5. 依个人喜好压线。

6. 烫贴上音符的图案，轮廓做密针贴布缝固定。

7. 将小毕及小芭的图形描在冷冻纸上剪下，烫在布的背面，留 0.5cm 缝份后剪下。将缝份一边反折一边烫平。

8. 先将轮廓描在仿皮布上，再把步骤 7 完成的图形依序贴缝在其上。

9. 图形完成后使用贴布缝花盘将其固定，再沿边留 0.3cm 剪下。

10. 将主角车缝于表布上，完成前片表布。

How to make

11. 依纸型剪下铺棉布，以此修正前片表布的版型，两片背面相对疏缝一圈。

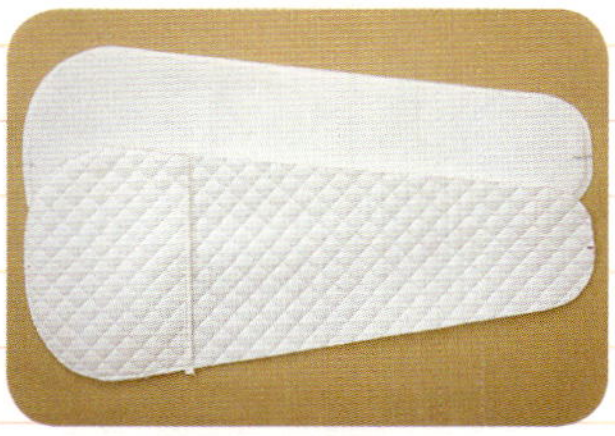

12. 将后片的铺棉布烫上单胶棉与后片的仿皮布背面相对疏缝一圈。

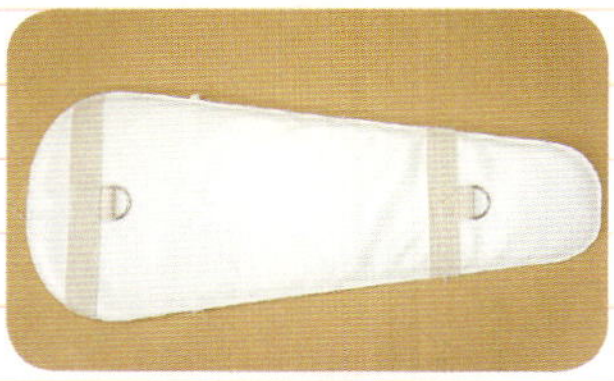

13. 后片车上织带与 D 形环。

14. 可依需求在内里制作口袋。

15. 制作背带。

16. 前、后片沿边车上出芽条。

17. 裁侧身布 115cm×8.5cm，夹车拉链。

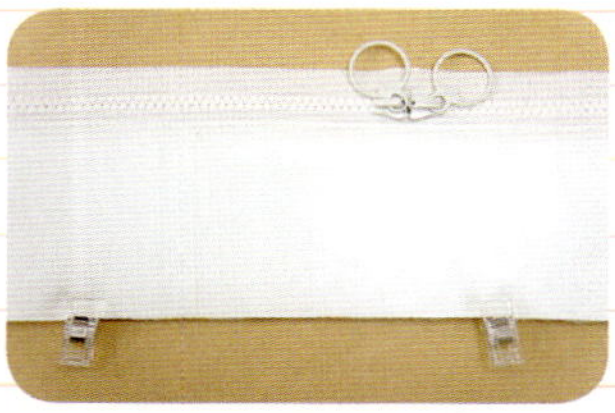

18. 翻至正面压上临边线。与铺棉布疏缝一圈。

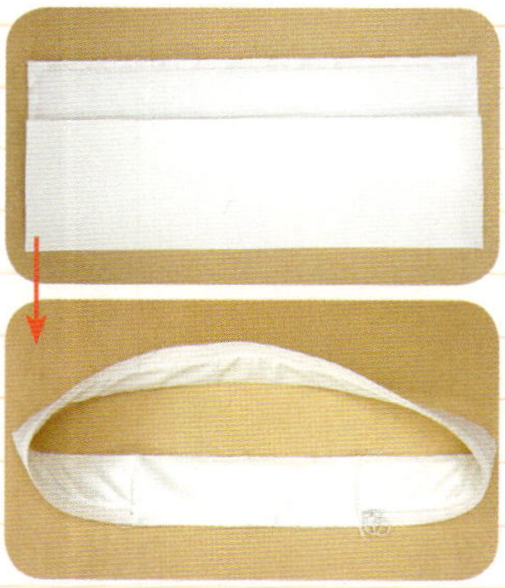

19. 裁侧身提手布 10cm×34cm，将其铺棉布烫上单胶棉，两片正面相对夹车步骤 17 的侧身拉链布，并在交接处车缝上临边线。

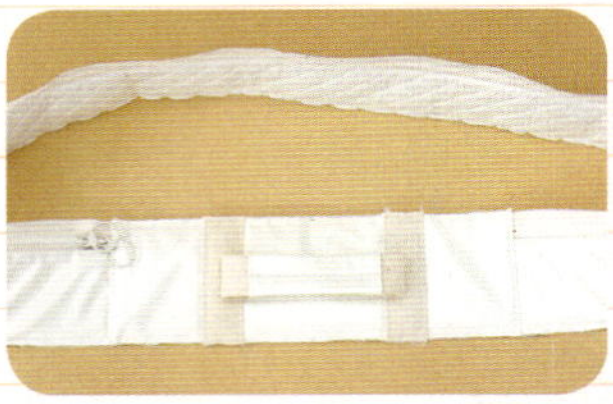

20. 车缝上提手。

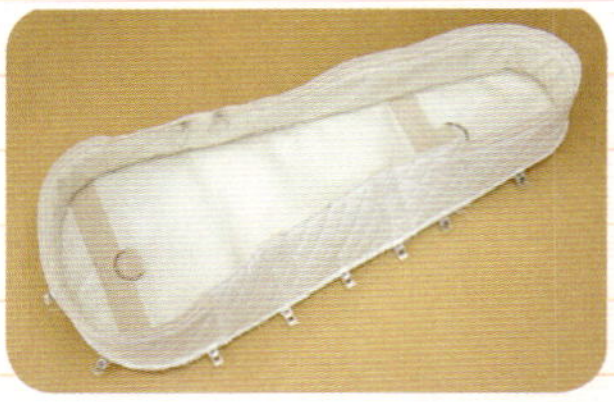

21. 先将侧身布与后片接缝。

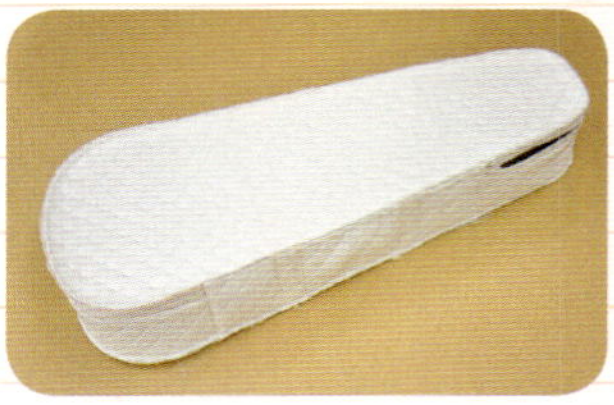

22. 再与前片接缝。

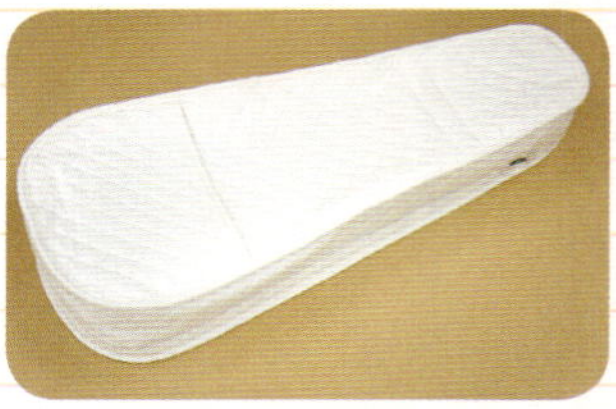

23. 缝份处以人字带包边。

24. 翻回正面即完成。

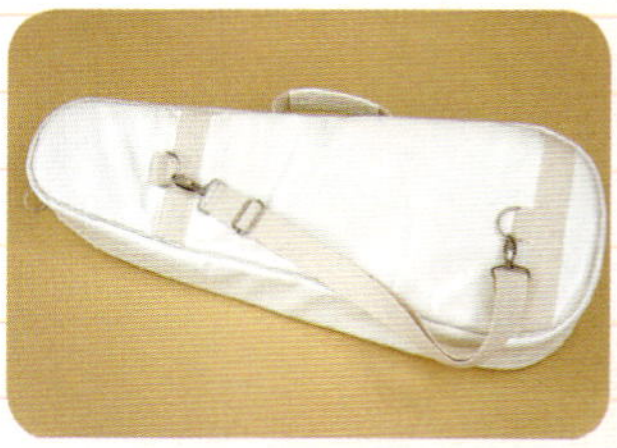

25. 背面记得钩上背带。

第6回

打造甜蜜蜜的幸福小窝

爱情正在这温馨的欢乐季节里悄悄地萌芽；
两颗心要紧紧相依，更要一起打造爱的甜蜜小小窝。
然后，一直幸福下去。

作品设计、做法摄影 / 雪小板老师　情境摄影 / C.CH　编辑 / Tammy、欣恬　美术设计 / 韩欣恬
完成尺寸：长48.5cm，宽41cm　附原尺寸图

How to make

材料

- 各色配色布
- 后背布
- 单胶棉
- 薄布衬
- 彩色接着带
- 布用颜料

1 将图形描绘于薄布衬的胶面上。

2 依图形描绘在各色配色布上，并剪下。

3 将各布块依照图形，熨贴于薄布衬的有胶面上。另在边条星星部分先做轮廓绣。

轮廓绣

Tip

用小熨斗稍微烫各布块的中心，使之可以固定在薄布衬上即可。

4 图形烫贴完成后，用熨斗全部烫均匀，使之完全服帖于薄布衬。

5 蜂窝的部分也陆续烫贴上去。

6 陆续贴上边条部分。用布用颜料画上小毕与小苞的五官。

7 取彩色接着带，沿图形轮廓线置中粘贴在布块上，转角处边折边烫。

8 从背景及边条熨贴到中间细部图形。

How to make

9 请依图案框，以贴布绣针法压线，压在彩色接着带的两边。

10 压线完的背后。

11 将多余的表布修剪。

12 表布、单胶棉、后背布三层外围先疏缝固定，再做落针压线。

13 压完线后再将三层修剪齐。

14 取20cm×21.5cm的布对折，车缝三边留返口，从返口翻回正面当挂耳布，车缝在后背布上方固定。

15 转角处将滚边条如图折记号，车缝固定打折处，需回针。

16 另一边起头也从打折记号处开始，以此类推车缝各边。

17 正面车缝完成后，包回背面手缝固定，或是车缝固定。

18 将挂耳布如图往上折，下方则以藏针缝固定在后背布上。

19 背面完成。

20 完成。

B+ 温馨抱枕

利用字体的粗细，以布片重叠做出加框的效果，再以简单的机缝花盘固定。

完成充满力量感的抱枕，

适合拥抱着，也能放在背后

用力当支持你的“靠背”哦！

作品设计／游如意老师　情境摄影／廖家威　做法摄影／Tammy　编辑／Yshin　美术设计／陈启予

完成尺寸：约长45cm，宽45cm　★附原尺寸图

材料：

10cm 宽，绿、蓝绿、蓝三种相近色的配色布 16 片
主轴布片　　25cm×25cm
后片拉链布　18cm×47cm　33cm×47cm

配件：

40cm 拉链 1 条、奇异衬 1 块

HOW TO MAKE

1 利用裁切垫，取主轴布片对准刻度，再备 1 片 10cm×25cm 的配色布，2 片正面相对重叠 3cm。

2 在 3cm 的范围内，可依自己的喜好裁切自由曲线。

3 画上合印记号，并剪一个小口。

4 正面相对，对齐合印记号与布边后，以珠针固定，车缝后缝份倒向深色布烫平。

5 第 2 片配色布同样裁 10cm 宽，长度为步骤 4 成品的长。同样重叠 3cm。

6 同上述步骤，做裁切与车缝。

7 以同样方式接缝布块成 50cm×50cm 的表布。

8 换上均匀压布脚，连同表布、铺棉、坯布三层一起压线，其宽度为压布脚的宽度，完成表布。

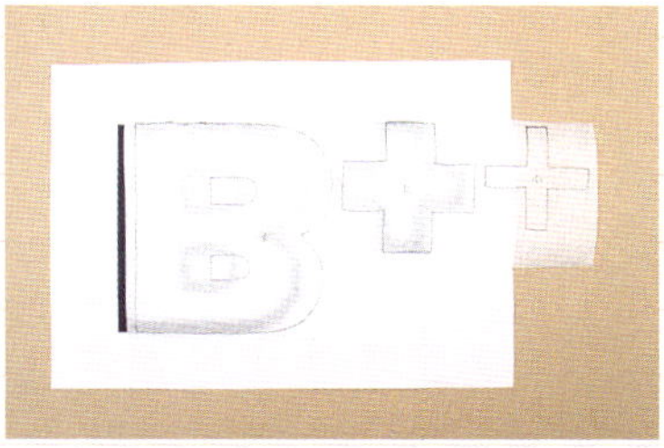

9 将自制的图案描于奇异衬。

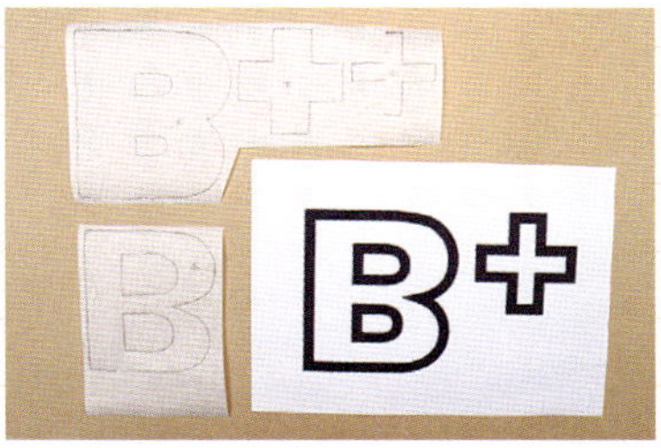

10 描图时，一个是描黑色外框，一个是描白色的内框。

11 烫于布片背面后，再剪下。

12 撕下黄色组的背纸，重叠在红色组上，再次烫贴上。

13 其他的配布图案，可用同样的方式熨贴奇异衬。

14 将剪下的图案再烫于表布上，并利用毛毯边缝，沿图案边缘车缝固定。

15 配布图案用相同方式车缝固定。

16 压线，换上自由曲线压布脚，先将下线引上来。

17 以手轻扶布片，随车缝的速度移动即可。

18 车缝出配布图案的线框，使其有突出的效果。

19 完成压线装饰后，再抓出 47cm × 47cm 的抱枕范围，并以最大针脚疏缝一圈。

20 剪掉多余的缝份和铺棉。

21 准备后背拉链布上片和下片。取其长边先做拷克处理，并沿拷克线往上画 1cm 缝份线。

22 下片对上片的缝份线车合，将缝份烫开，置上拉链，车缝上一圈。

23 正面拉链头、尾部分，需用密针缝做止缝压线。

24 组合表布与背布，正面相对，先以珠针固定后再车缝一圈。剪掉多余的缝份，再进行拷克一圈。

25 最后翻回正面，再临边压 0.5cm，可强化抱枕边的强度，即完成。

作品欣赏

煦色韶光

亮丽的大花，复古的色调，
是诉说一段花样年华的美好，
在静静的岁月对看流动的光阴。倾听好声音！

拼布
生活乐园

在拼布的乐园里挖掘，
让布连着线，缝纫生活每一天。
ENJOY YOUR QUILT！

采花嬉秋 驳角口金

■作品设计、做法摄影 / 黛西老师 ■情境摄影 / 詹建华
■编辑 / 刘芝颖 ■美术设计 / 韩欣恬 ■完成尺寸：约11.5cm×6cm ■附原尺寸图

属于秋天的棕色，
带来微凉的萧瑟，
让花朵绽放柔情，
点燃生活的热力。

拼布好朋友

● 驳角口金

材料

● 印花表布
● 里布
● 单胶棉
● 衬
● 11cm驳角口金或接脚口金

HOW TO MAKE

1 袋身里布烫衬，表布烫上单胶棉，对齐后沿布衬车缝并留一返口。

2 车缝好的袋身左、右边约0.3cm压线，上、下缘约0.7cm压线。

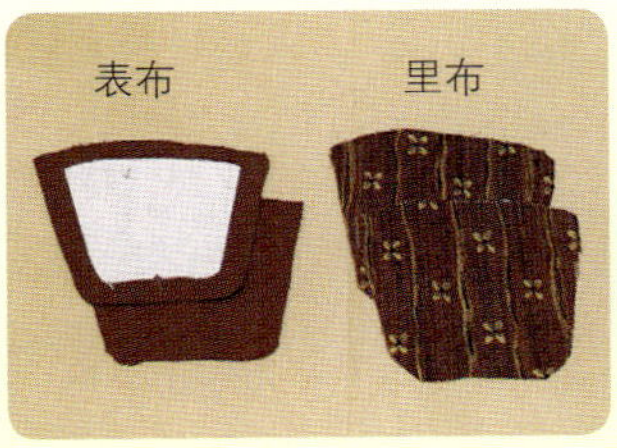

3 侧边口金布：表布烫衬后与里布对齐，沿布衬车缝，留一返口。

4 翻回正面后将返口缝合。

5 以藏针缝缝合袋身与侧身布。

6 套上口金，固定四个角后，由中间开始回针缝固定口金，即完成。

束口双弹簧两用包

微凉又萧瑟的季节，总让人特别想念热带的度假风情。
简易的束口包，特别设计菊花扣搭配弹簧片，
扣住立体口袋，最适合一日轻旅游！

●作品设计、做法摄影＼黛西老师 ●情境摄影＼C.CH ●模特儿＼周以恩
●编辑＼Tammy ●美术设计＼韩欣恬 ●完成尺寸＼约长28cm，宽13cm，高28cm ●附原尺寸图

材料

* 素色表布30cm
* 图案表布30cm
* 里布60cm
* 布衬60cm
* 织带2.5cm×150cm
* 磁扣 1组
* 28mm鸡眼 8个
* D形环 2个
* 日形环 1个
* 钩扣 2个
* 弹簧片扣 2个

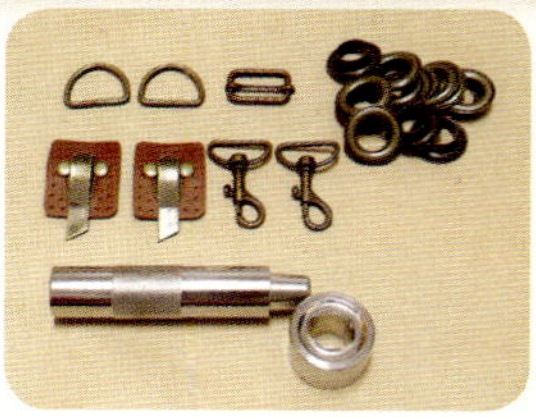

拼布好朋友

* 鸡眼工具组

1 裁袋身里布，依纸型加1cm的缝份，烫上布衬。车缝里袋左、右边，底部制作12cm截角。

2 裁小袋盖表布4片，小口袋表布、里布各2片（实际纸型外加1cm缝份），袋盖、袋身布衬（实际纸型）各2片。

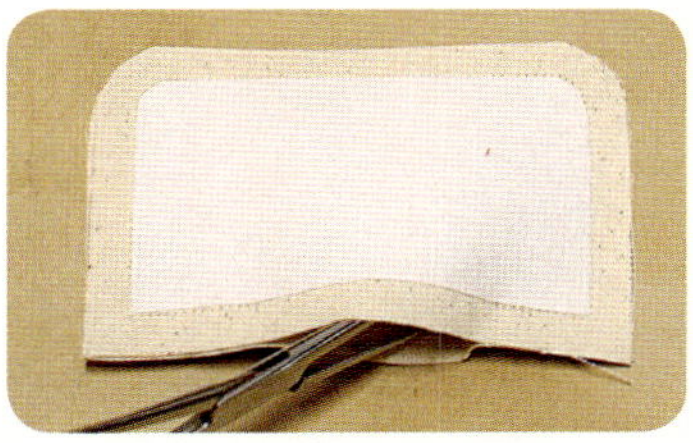

3 小袋盖表布其中2片烫上衬，车缝后由返口翻回，缝合返口。

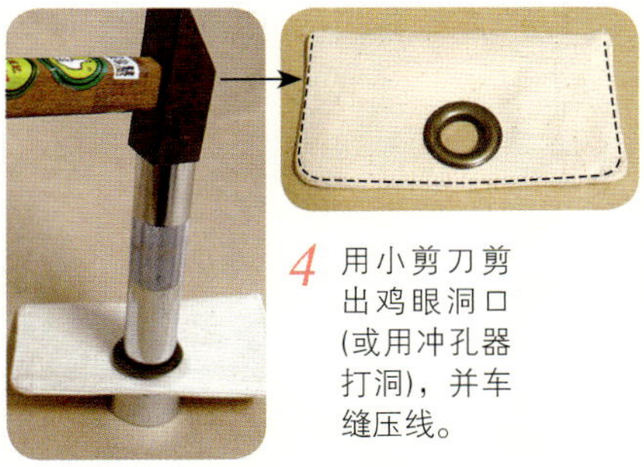

4 用小剪刀剪出鸡眼洞口(或用冲孔器打洞)，并车缝压线。

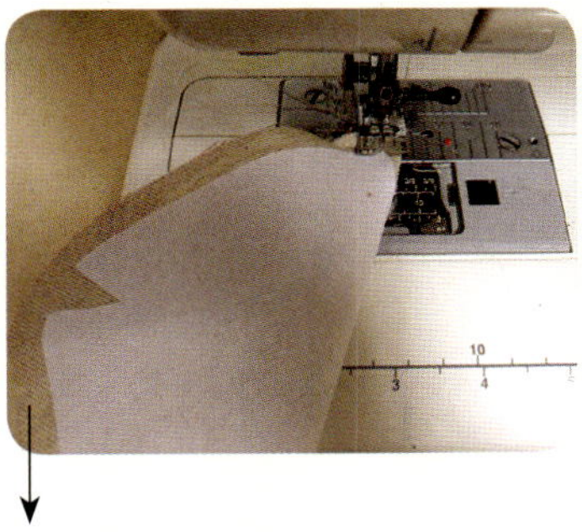

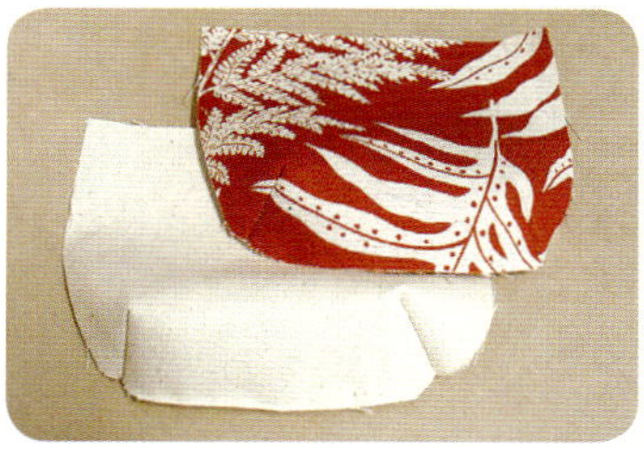

5 前口袋表布烫衬，里布无须烫衬，车缝褶角。

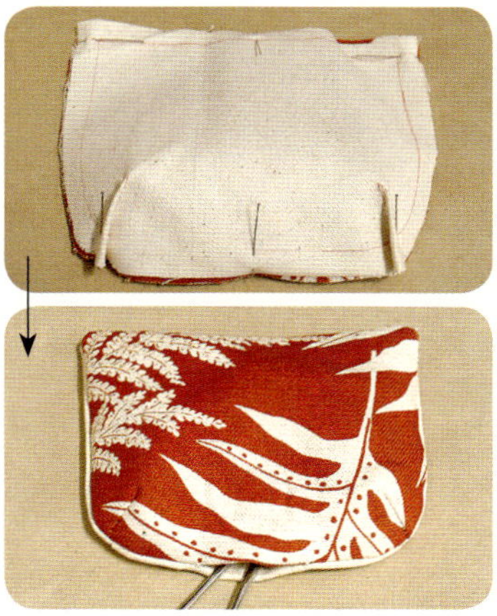

6 将前口袋里布与表布车缝好翻回正面，缝合返口，袋口车缝压线。

7 大袋身依纸型再加1cm的缝份，烫上布衬，车缝两侧及底部截角。

8 将做好的袋口与袋盖依正确位置车缝。

9 袋口袋盖缝上弹簧片和五金。

10 取织带2段和D形环，再固定车缝在大袋身后。

11 大袋身里布套入表布内，袋口疏缝并车缝压线再打鸡眼，缝上磁扣。

12 串上织带并车缝好钩扣。

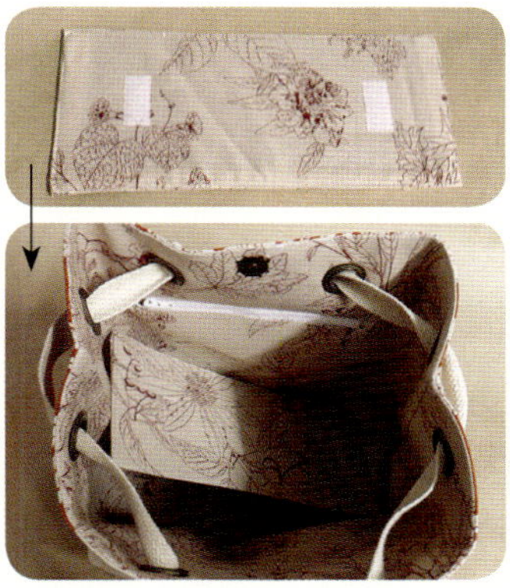

13 制作底板并放入钩内。

Tip: 觉得底太软可以增放塑胶底板喔！

14 完成。

开心出游

相机包

小数码相机、轻旅游，踩着轻快的步伐，
让心情不受限制，
只要一台相机就能描写生活！

■作品设计／詹砳老师
■情境摄影／詹建华
■步骤摄影／韩欣恬
■编辑／王义馨
■美术设计／林巧佳
■完成尺寸：约13cm×13cm，底5cm

材料准备 (已含0.5cm缝份)

- 各色配色布
- 单胶棉
- 织带
- 蕾丝
- 缎带
- D形环
- 磁扣

拼接示意

前片表布

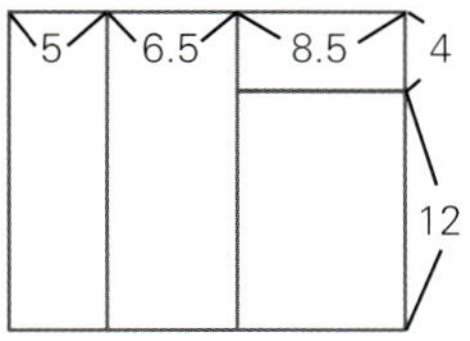

- 16.5cm×5.5cm
- 16.7cm×7.5cm
- 9cm×4.5cm
- 9cm×12.5cm

袋盖

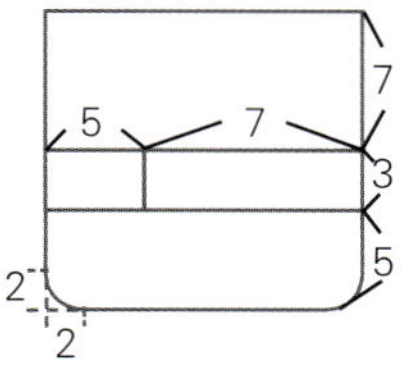

- 7.5cm×12cm
- 3cm×5.5cm
- 3cm×7.5cm
- 12cm×6.5cm

后片表布

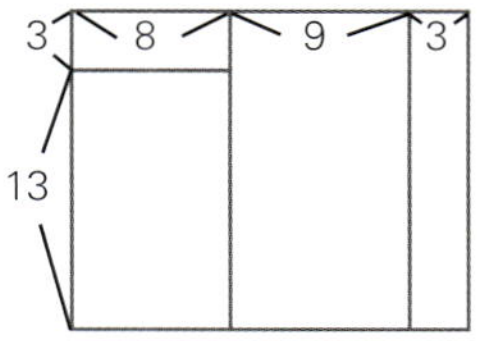

- 8.5cm×3.5cm
- 8.5cm×13.5cm
- 10cm×16cm
- 3.5cm×16cm

示意图中标注尺寸单位为厘米（cm）

内袋

- 20cm×16cm 2片
- 13cm×21cm

How To Make

1 将各部位依纸型裁下，并将表布点对点车缝组合。

2 表布烫单胶棉，再裁出正确尺寸。

3 袋盖表布与铺棉先描出圆弧的边角。再裁袋盖里布。

4 将袋盖表布与里布正面相对车缝三边，并修剪缝份处的铺棉。再翻回正面。

5 袋盖与后片表布各抓出中心点，疏缝固定袋盖。

6 前片表布可缝上蕾丝做装饰。

7 强化图案的立体感，利用2股绣线可依动物轮廓或重点部分刺绣。

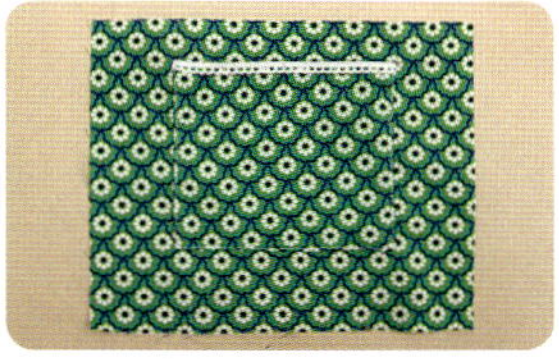

8 车缝口袋布，于正面可缝上蕾丝做装饰。再车缝于内袋表布上。

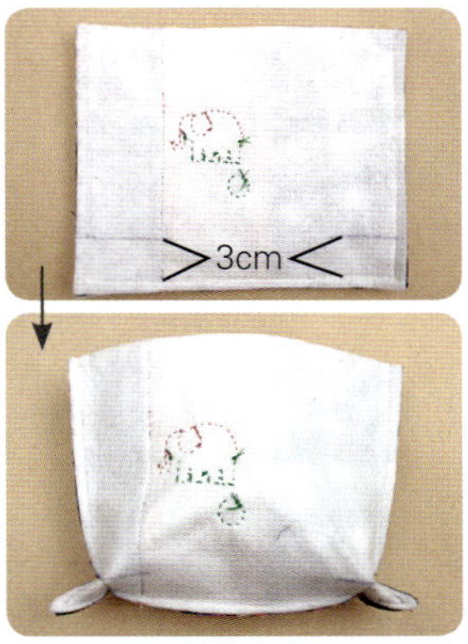

9 组合外袋身，袋底先画出3cm的底角线，将外袋身2片正面相对车缝，并车缝底角线。

10 其中一片内袋片可依自己喜好车缝口袋，再将两片内袋背面相对车三边，返口留于袋底，两侧同样车出底角，留缝份后，剪掉多余部分。

11 准备2组D形环以织带固定。

12 组合内、外袋身。外袋身直接套入内袋(正面相对)，两侧夹车D形环。

13 沿袋口车缝一圈，再由内袋底的返口翻回正面。袋口压缝装饰线。

14 扣上织带或自行设计的车缝背带都可以。袋盖相对位置缝上磁扣，即完成轻便的小数码相机背袋。

花团锦簇斜背包

深秋和初冬最适合赏菊了，盛开的大理菊是待着初春的到来。在这之前，我们就背起简单的行囊去寻找春的足迹吧！

材料准备

- 30cm拉链×2
- AB扣
- D形环
- 前表布
  (1)花布31.5cm×14.5cm
  (2)麂皮布31.5cm×26.5cm
  (3)后表布31.5cm×4.0cm
  (4)口袋布31.5cm×16cm 2片
  (5)布条5cm×120cm 2条

■作品设计／詹砳老师 ■完成尺寸：约长31cm，宽30cm，袋底7cm(打开袋盖)

How To Make

1 拼接前表布，将花布和鹿皮布对齐，两侧夹车D形环。

2 缝份倒向一边，再翻至正面烫开。

3 将前、后表布都先烫上厚布衬，备用。

4 车缝口袋，2片口袋布其中1片烫上厚布衬后，正面相对车缝长边上、下两侧，翻正面整烫。

5 长边车缝上拉链。

> 5cm

6 袋底画折底线5cm再往上5cm画基准线，将口袋布对齐，拉链的另一侧则车缝固定于袋片上。

7 完成如图，压装饰线固定。

8 制作贴花，花布先烫上奇异衬后，剪下花朵备用。

9 撕下背胶，将花朵烫于后表布上。需避开折底线的5cm。

10 以锯齿形线迹沿花边车缝，完成贴缝。

11 车缝前表布与里布，同时夹车拉链。

12 拉链的另一侧，则是由后表布与里布夹车。翻回正面如图。

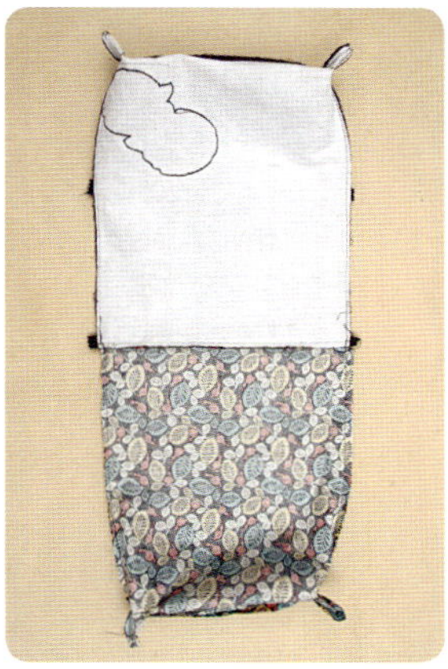

13 接着将2片表布正面相对，2片里布正面相对各自车缝，返口则留于里袋上，并车合折底线10cm。

14 由里袋返口将表袋翻回正面，缝合返口。

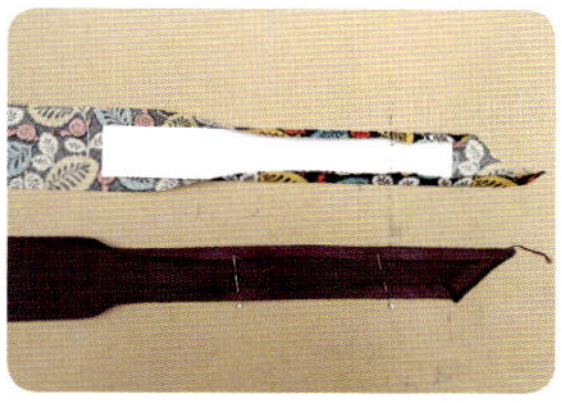

15 制作织带，准备5cm×120cm的表、里布条，利用3cm宽长方形纸型烫折。左右缝份各1cm。

16 将表、里布条背面相对车缝接合成一长条。

17 套入3cm的钩环，车缝固定，完成背袋。

18 钩上D形环，悠闲的侧背包完成。

软绵绵刺猬零钱包

●作品设计、做法摄影 / 黛西老师 ●情境摄影 / 詹建华
●编辑 / 刘芝颖 ●美术设计 / 韩欣恬 ●完成尺寸：约 15cm × 10cm ●附原尺寸图

在拼布人的手中，一根根尖锐的刺变成了柔软的毛，摸摸可爱的小刺猬，玩耍携带都方便。

材料
* 各种深、浅色先染布
* 深色里布
* 布衬
* 黑色纽扣3颗
* 深色拉链1条
* 单胶棉

1. 将深、浅色的先染布裁成2cm斜布条数条。

2. 深色斜布条2条与灰色斜布条1条车缝成一份。

◆从中间车缝，针距最小，刷开时才不会散开。

3. 浅色斜布条3条车缝成一份。

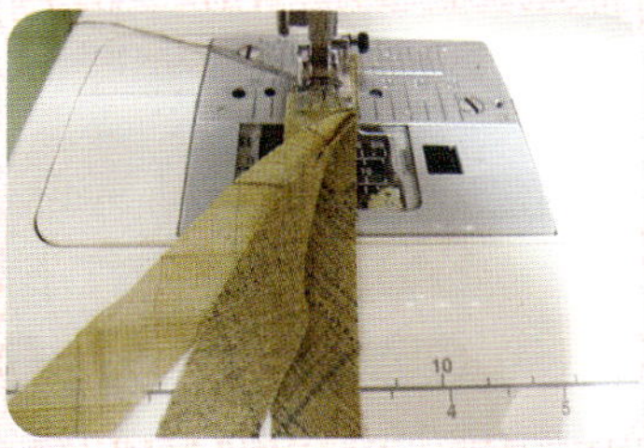

4. 浅色斜布条1条与灰色斜布条2条车缝成一份。

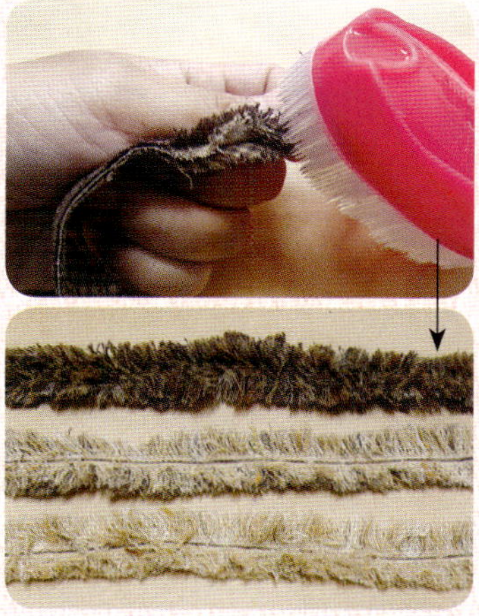

5. 车缝好后用洗衣刷逐一刷开(软一点的刷为佳)。

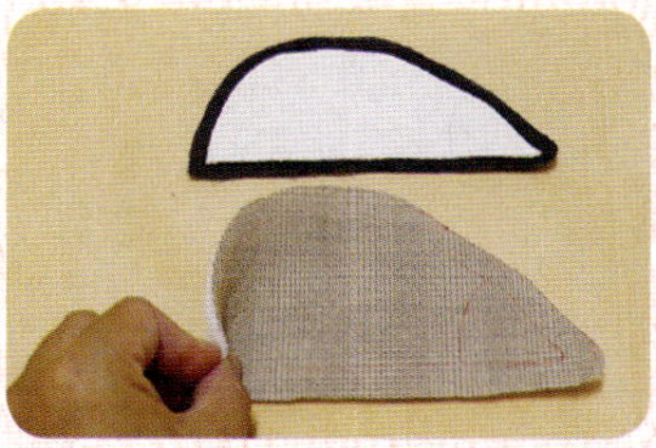

6. 依纸型剪下布衬贴在里布上，缝份留1cm。

◆单胶棉比实际纸型大1cm贴在浅色的表布上(需2份)。

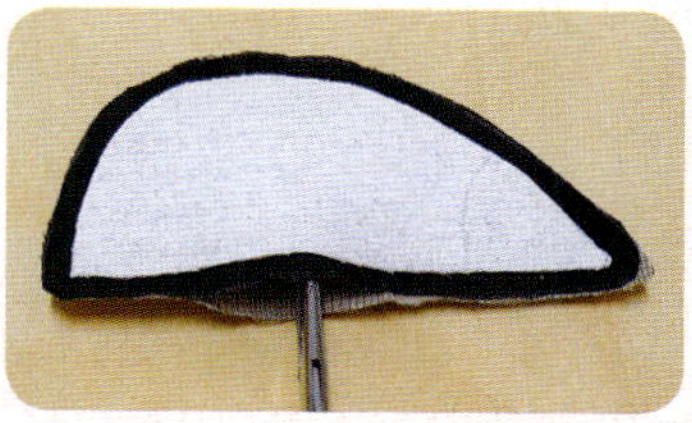

7. 将表、里布正面相对，沿布衬外约0.2cm留一返口缝合，翻正面后缝合返口(需2份)。

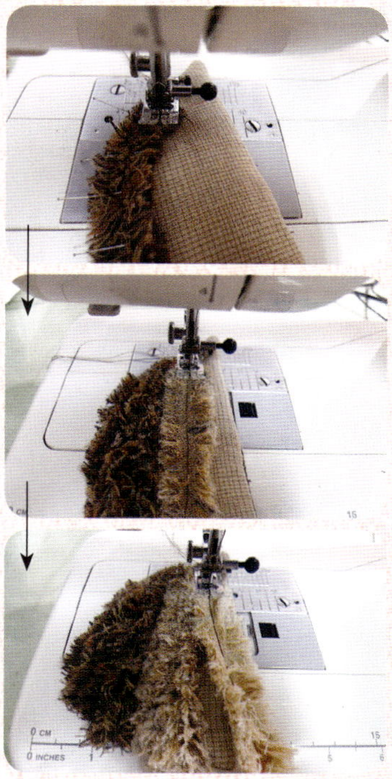

8. 取深色斜布条车缝最外缘的3层、灰色2层、浅色2层。

9. 形成一自然的渐层的毛色效果(需2份)。

10. 将2片身体缝上拉链。

11. 由头部开始藏针缝缝向尾巴。

12. 缝上眼睛和鼻子。

13. 头顶处可稍缝补毛发(根据个人需求)。

14. 刺猬零钱包完成。

亚麻森林 水玉包组

森林绿意漫成一大片，亚麻的自然质感围绕身边，仿佛置身艾莉丝跳跃的世界，活泼的点点是她眼里偌大的物件。

作品设计、做法文字／隆德贸易有限公司 苏怡绫老师 情境摄影／Akira 编辑／刘芝颖 美术设计／韩欣恬 做法绘图／林巧佳

完成尺寸／大包约长 29cm，宽 38cm，袋底 10cm 小包约长 12cm，宽 17.5cm，袋底 6cm 附原尺寸图

水玉大包

材料：表里布各 90cm、直条纹布 30cm、布衬 180cm、15cm・22cm 拉链、磁扣 1 组、包扣

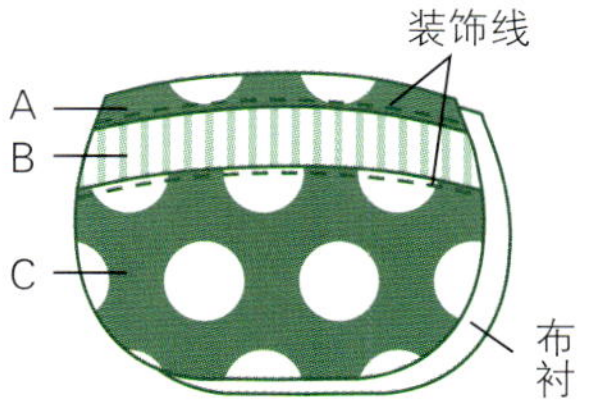

1. 取 A、B、C 纸型画表布，各需两片，外加 1cm 缝份后剪下。

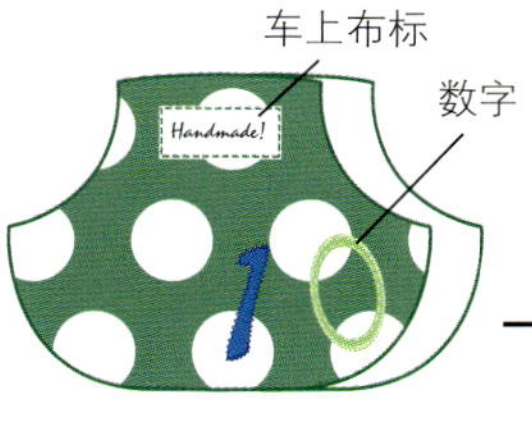

2. 将 A、B、C 三片车缝接合，缝份皆向外，另用纸型 E 画布衬两片，烫在其背面，分别作为前、后片表布。

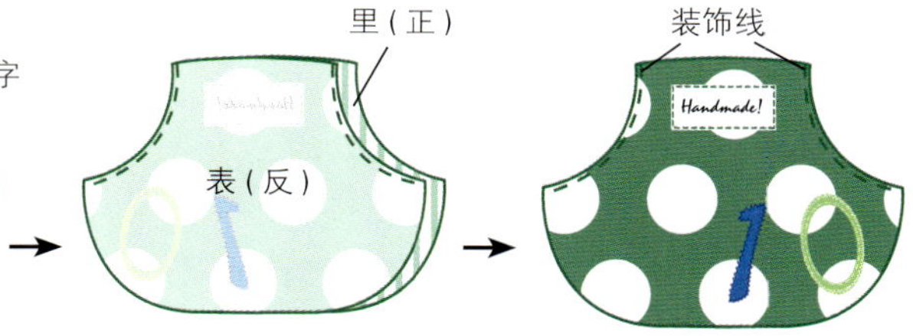

3. 以纸型 D 画表、里布及布衬（不含缝份）各一片。将衬烫于表布背面，并车上布标及数字，再与里布正面相对车缝两侧，翻至正面后两侧压装饰线。

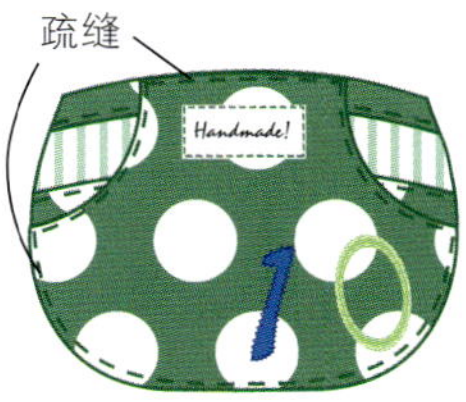

4. 与接缝好的步骤 2 疏缝一圈，前片表布即完成。

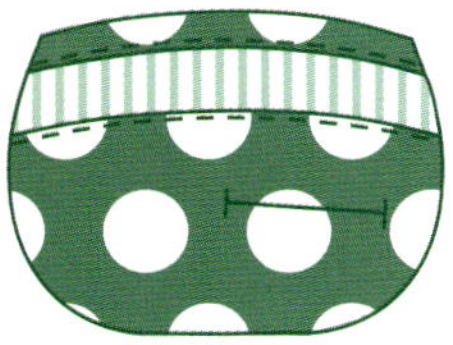

5. 在后片表布做上 15cm 拉链的记号，取拉链口袋布 20cm × 30cm，并在背面做上记号。

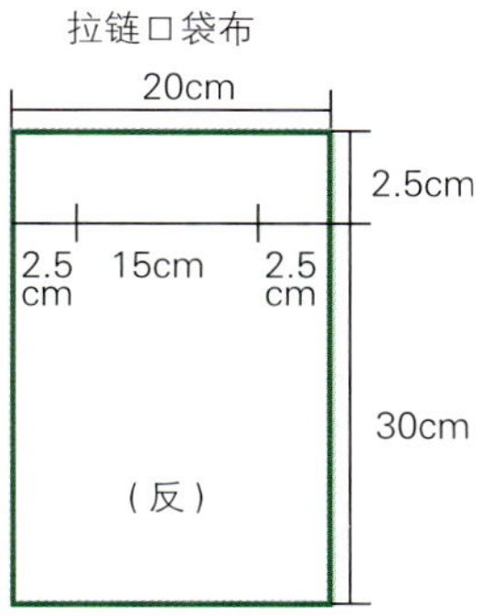

6. 拉链口袋布与后片表布正面相对车缝一圈固定，依图示剪开 Y 形后，将拉链口袋布塞入开口处。

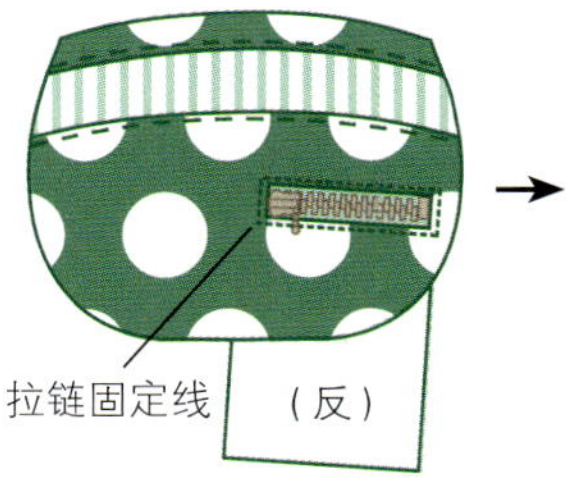

7. 取拉链对准洞口位置，由正面车缝一圈固定线。

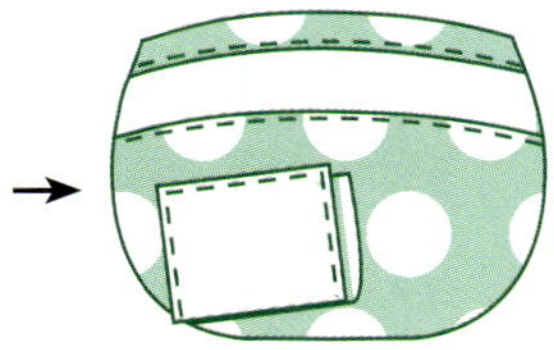

8. 翻至背面将口袋布对折，车缝∏形即完成拉链口袋。

9. 以纸型侧身 F 画衬 2 片，各烫在表、里布的背面，留 1cm 缝份后剪下。

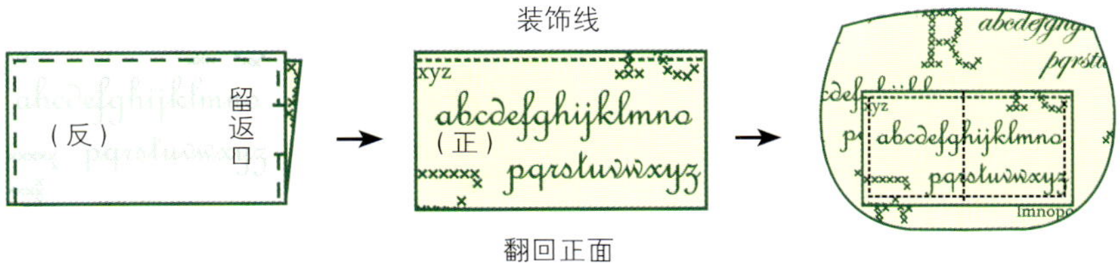

10. 裁里布口袋布 20cm × 15cm，正面相对对折留返口车缝一圈后翻至正面，整烫好固定在里布上。

水玉大包

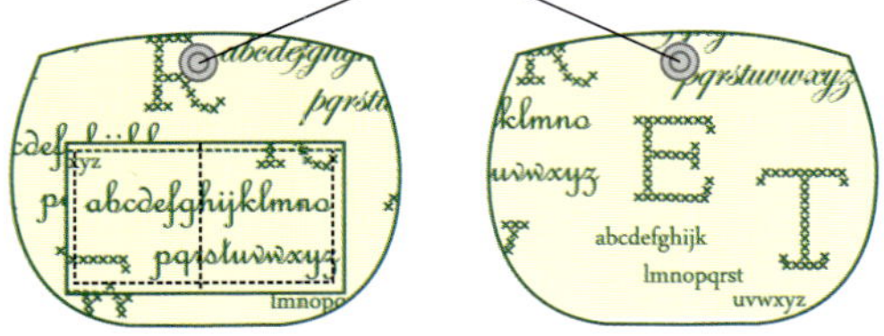

11. 将前、后片里布钉上磁扣。

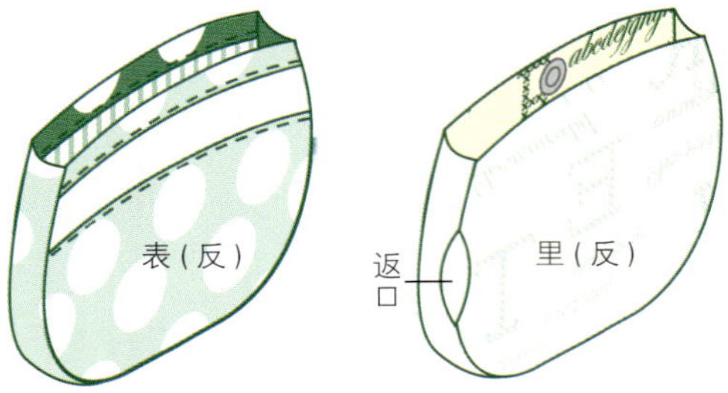

12. 组合表袋、里袋，并于里袋留 10cm 返口。

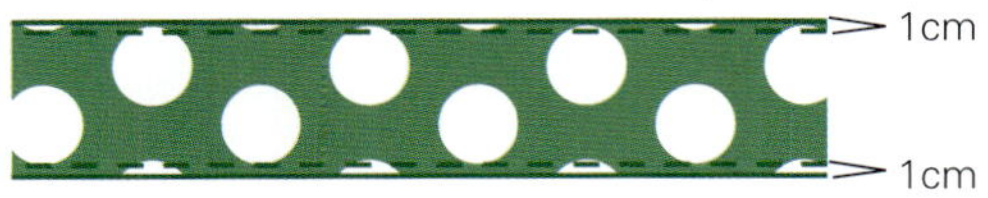

13. 裁手把布 7.5cm×51cm×2 片、衬 5cm×49cm×2 片，手把布烫上衬后，两侧内折 1cm 缝份，再对折车缝，并压上装饰线。

14. 将手把固定在表袋上，表袋与里袋正面相对车缝固定，再由返口翻出，并于袋口处车缝装饰线，即完成。

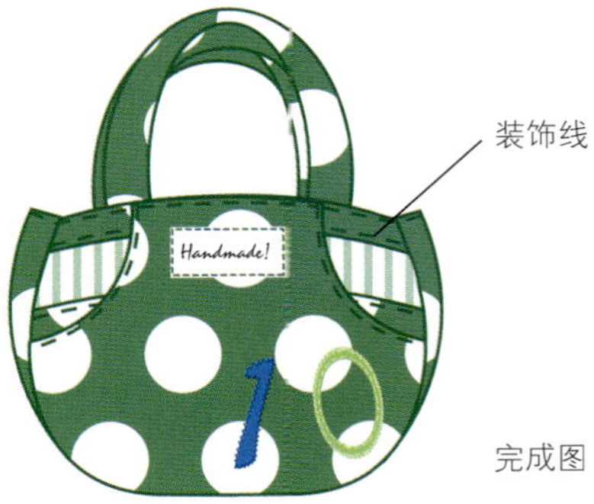

完成图

水玉小包

1. 以纸型画表、里布各一片。先将布标车缝在表布上，烫上铺棉（需含缝份），再用喷胶将里布贴上。

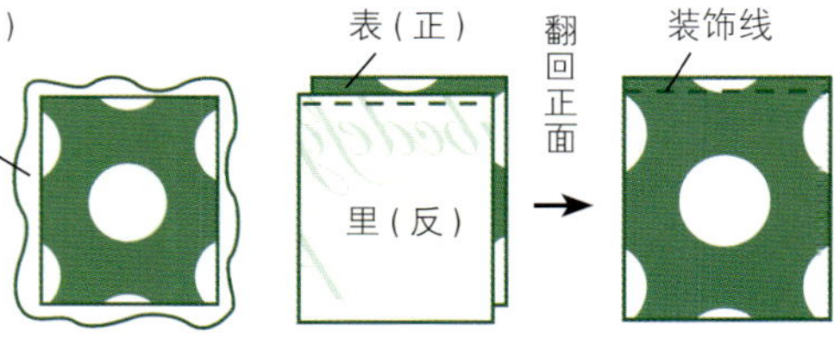

2. 裁 6.5cm×8.5cm 侧身表、里布各两片，先烫上铺棉后再两两正面相对车缝，接合处车缝上装饰线。

3. 将两片侧身固定在里布上（里对里），再将袋身拉起与侧身接合。

4. 裁滚边条 4cm×50cm，于袋身滚边一圈。
5. 缝上拉链，圆形包扣包上布缩缝一圈，固定于拉链两边。

6. 可爱的小化妆包即完成。

漫步随身两用椭圆包

静谧的冬天总带点懒。想出去走一走，寻找活力。
不用太远，即使是转角的公园，都有一番小风景，
可提、可背的两用包，正好陪你出去散散步！

作品设计、做法摄影／黛西老师　情境摄影／詹建华　编辑／Tammy　美术设计／韩欣恬　完成尺寸：约长23cm，宽3cm　附原尺寸图

材料

- 深咖啡色帆布 60cm
- 图案布 13.5cm×8.5cm（含缝份）
- 格子布 30cm×5cm
- 2cm 织带 ×120cm
- 21cm 拉链 1 条
- 2cmD 形环 2 个
- 钩扣 2 个
- 搭扣 1 组
- 包边条（现成）
- 日形环（调整织带长短）

How To Make

1

制作前口袋，将 30cm×5cm 的格子布与图案布 13.5cm×8.5cm 车缝三边成手机袋。图案布上可压装饰线。

2

上缘做包边。

3
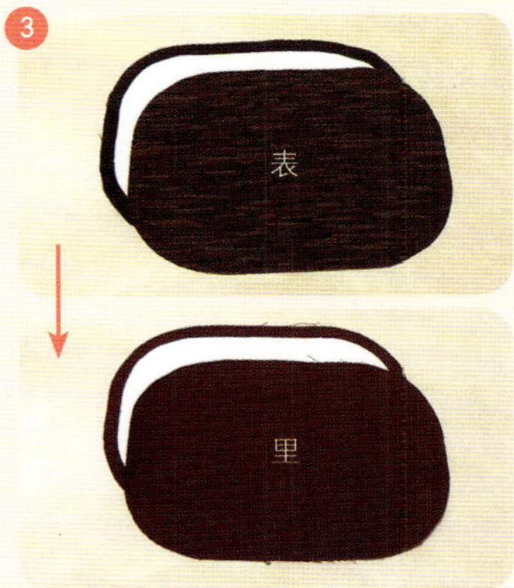

裁袋身表布、里布，依纸型（周围各多 1cm 缝份）烫上衬，做 2 份。

4

表布侧边条 5cm×(周长 + 2cm)，取拉链孔，烫上衬 (2cm 足缝份)。

5
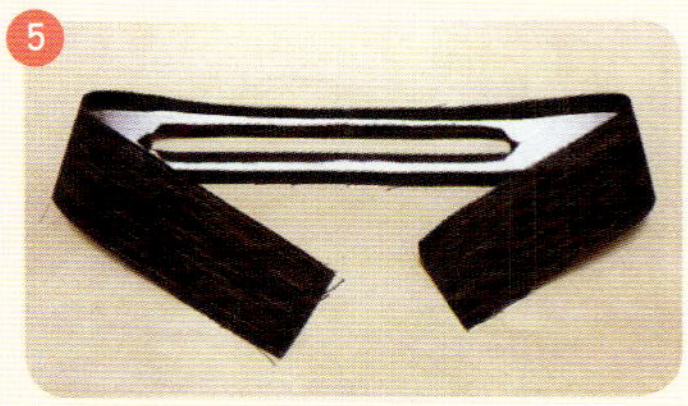
里布侧边条取拉链孔，烫上衬。

6

夹上拉链，车缝四周。

7

将手机袋布车缝在烫好衬的前袋布上。

8

裁 2 片袋盖片，正面相对车缝一圈，留返口后翻回正面，四周压装饰线，并在相对位置加上搭扣，再车缝于表布上。

9

用喷胶黏合前袋表布、前袋里布，后袋表布也是这样黏合。

10
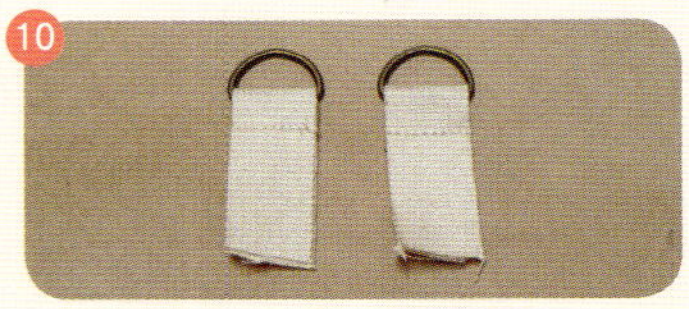
D 形环以 8cm 的织带对折后，车缝固定。

11

里布侧边左、右缝上 D 形环的提耳与修饰织带。

12
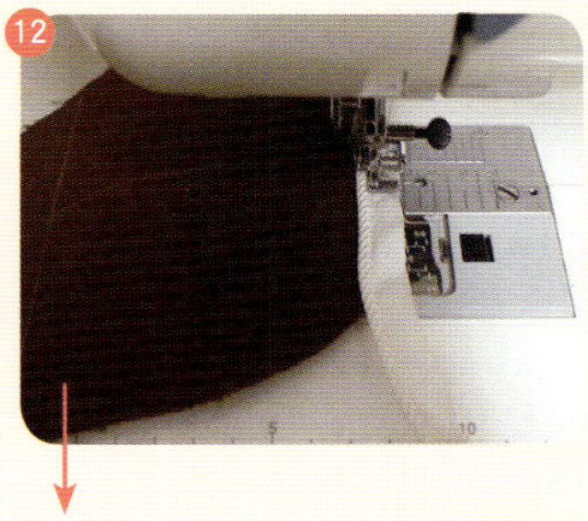

前袋片与后袋片各以现成的包边绳做出芽。

13

组合外袋身，将侧边与前、后袋片车缝组合。

14

将里布的缝份包缝先做疏缝，再用缝纫机缝牢固。

15

翻回正面，即完成。

手提缝纫 工具箱

有别于拼布袋柔软的特质，
布盒能创造出更立体的空间，
通过有效的分隔，让收纳更为整齐、清爽。
不论是尖锐的剪刀类工具，
还是容易纠结凌乱的线轴们，
置入缝纫工具箱，大家各就各位，找寻起来好方便！

■作品设计 / 金昌廷老师
■情境摄影 / C.CH
■教学摄影 / Tammy
■文字编辑 / 刘芝颖
■美术设计 / 林巧佳
■完成尺寸：长23cm，宽10cm，高15.5cm
■附原尺寸图

裁片准备

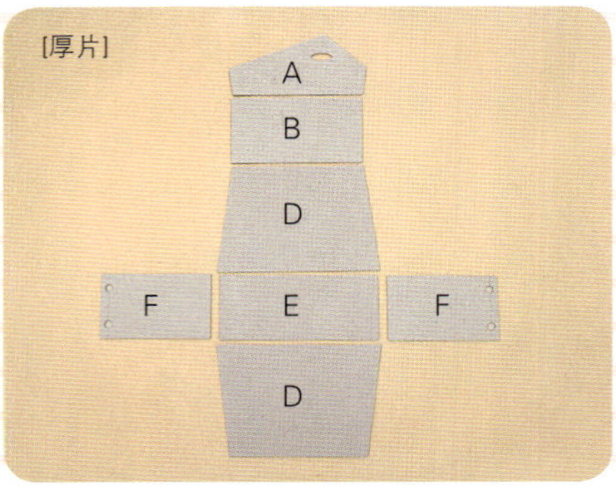

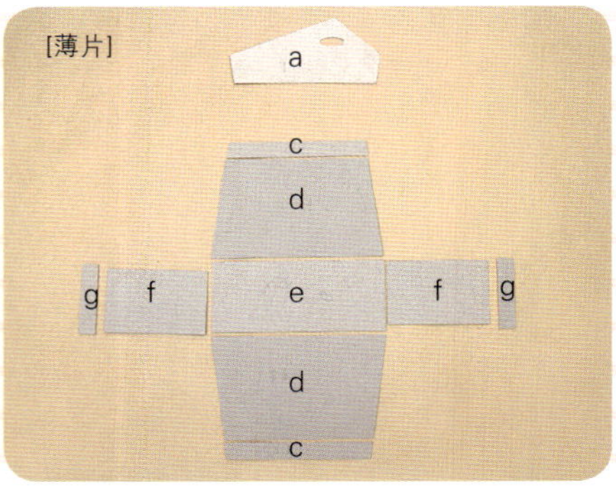

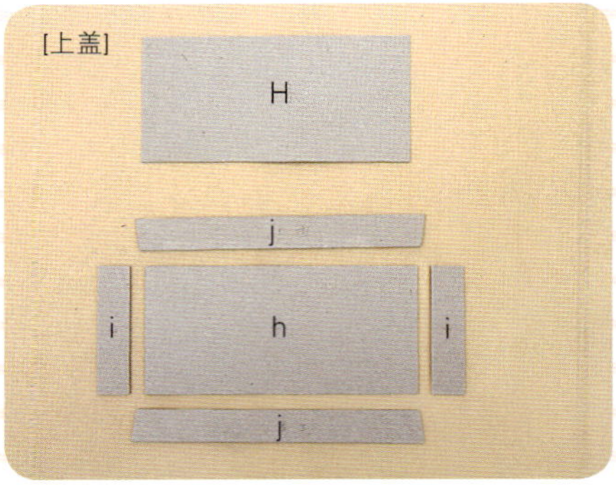

部位		1mm薄片纸板	3mm厚片纸板
盒身	A	依纸型	依纸型
	B		18.6cm×9.5cm
	C×2	依纸型	
	D×2	依纸型	依纸型
	E	21.5cm×8.9cm	22cm×9cm
	F×2	12.5cm×8cm	15.2cm×9.1cm
	G×2	8.7cm×2cm	
上盖	H	16.8cm×7.8cm	16.9cm×8cm
	I×2		8cm×2cm
	J×2		依纸型

材料准备

- 表布、里布
- 铺棉
- 蕾丝织带

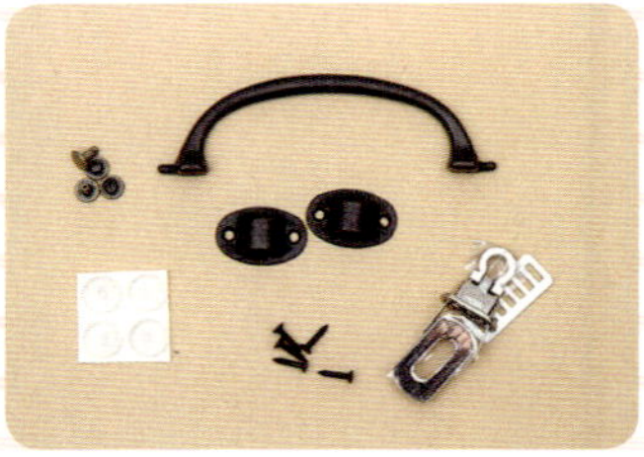

配件:
- 提手
- 铆钉
- 透明脚垫
- 锁扣
- 强力磁铁

How To Make

*文中以大写字母表示厚片纸板，小写字母表示薄片纸板。

上盒盖

1 将F板穿洞后涂白胶，装上磁铁(注意磁性方向要能相吸)，再以纸胶带固定。

2 组合上盖i、j板。

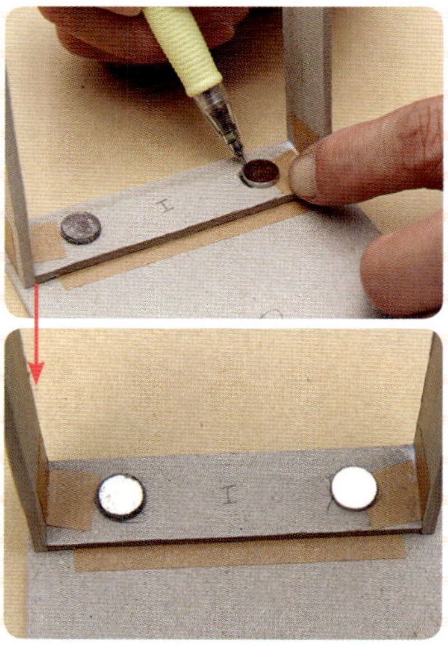

3 以磁铁做记号，将步骤1、2的纸板依图示对齐，以F板画出i板上的磁铁位置。

4 将之打洞(不能打穿，要嵌入磁铁)，涂上白胶并嵌入磁铁，以纸胶带固定。

5 与H板组合。

*注意是以j板的窄边黏合。

6 将i、j粘上表布，完成上盒盖。

盒身

[外盒身后片的处理]

1 将A、B、D如图排列，A、B间距6mm，B、D间距3mm，粘于表布上，留缝份约2cm后剪下。

2 并在交接处贴上连接的表布。

3 将缝份包起黏合，下边不包。

4 将A板开洞处的表布稍微剪开，向洞内黏合。

5 a板贴上里布，洞口同上处理。

6 将a贴在A上，锁上锁头。

7 将F、E、F同步骤1~3完成黏合，间距留3mm，中间贴上连接布。

8 D2板粘上表布，缝份包起，下边不包。

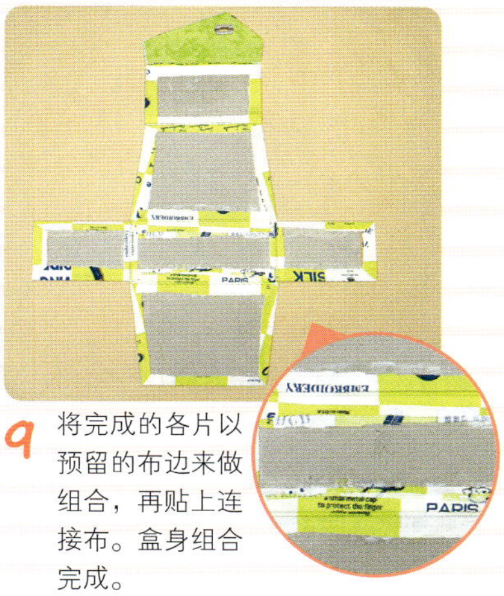

9 将完成的各片以预留的布边来做组合，再贴上连接布。盒身组合完成。

[外身后片的处理]

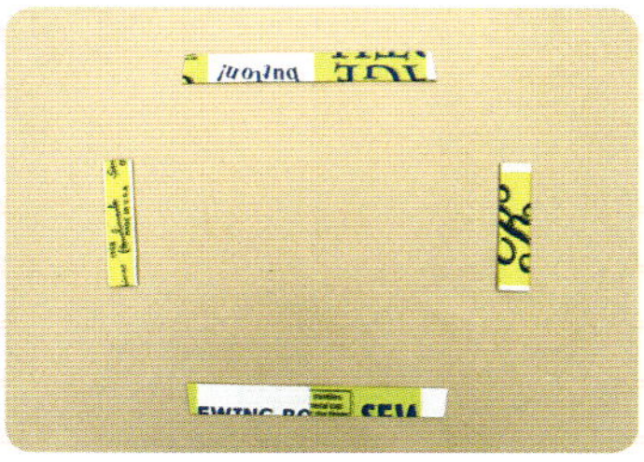

10 c、g粘上表布。

11 f粘上铺棉后，另一面贴上里布。

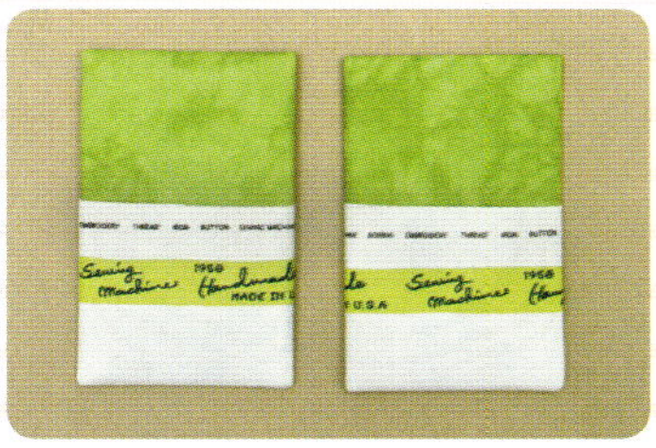

12 粘上口袋布。

*若有工业用裁缝机亦可将口袋布车缝上。

13 d板粘上铺棉后，一片粘表布，另一片粘里布。表布那片以蕾丝织带装饰，再钉上铆钉。

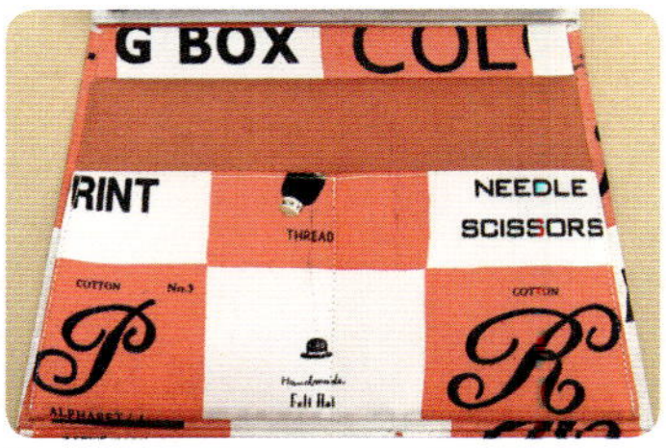

*贴里布的d板可依个人需求制作口袋。

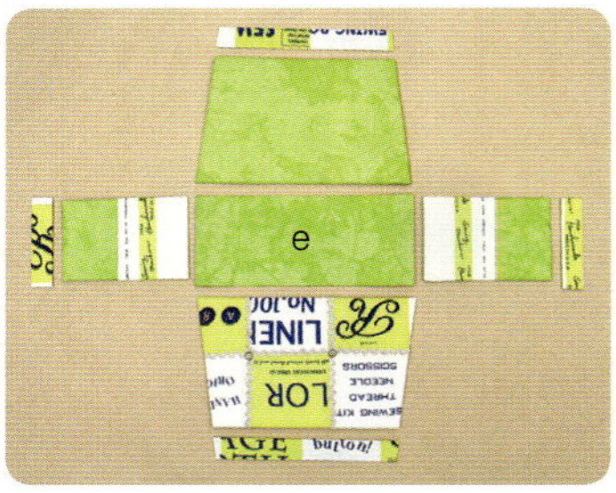

14 内底e粘上里布，完成内里的薄片。

[黏合厚薄片]

15 将薄片依位置粘贴于其厚片上。由内底e开始粘贴，其他片依此基准粘贴。

[组合五金配件]

16 将盒体合起，装上对应的锁头。

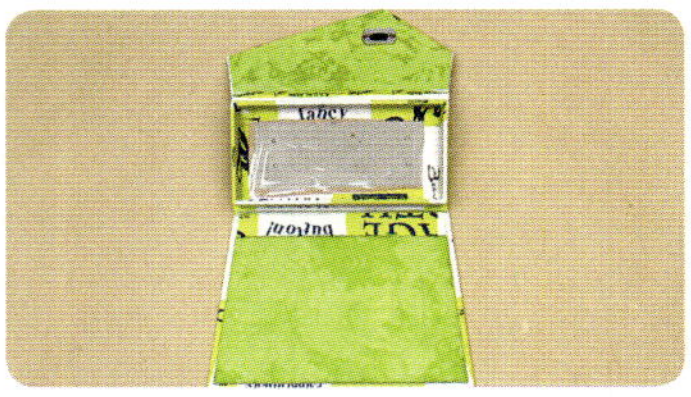

17 将上盒盖黏合于B板上。

18 锁上提手。

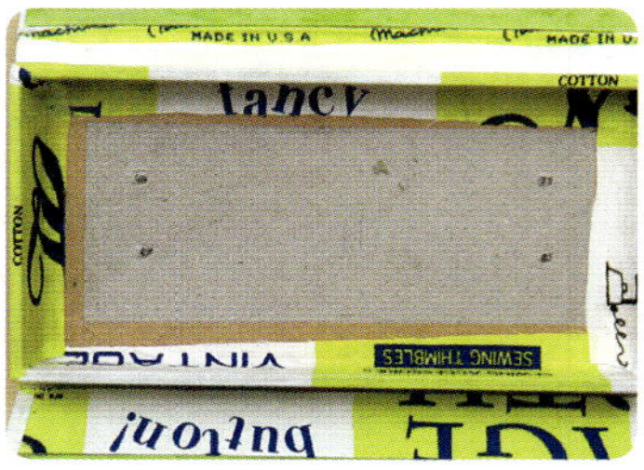

19 盒盖上多出来突起的螺丝可用小槌子敲平。

20 将内底h粘上里布后放入上盒盖黏合。

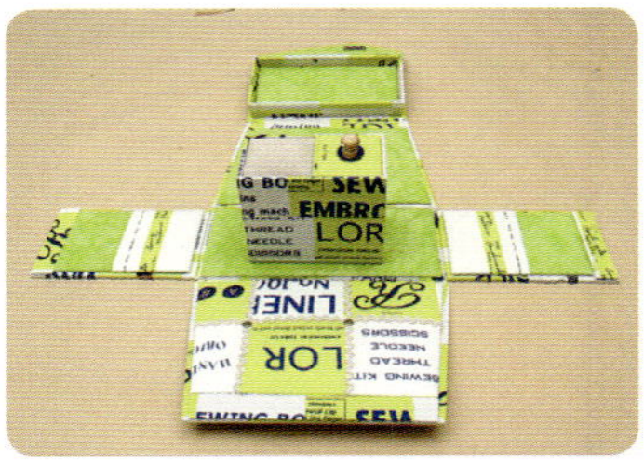

21 与《巧手易拼布作品精选1》中P113做好的双层小布盒黏合。

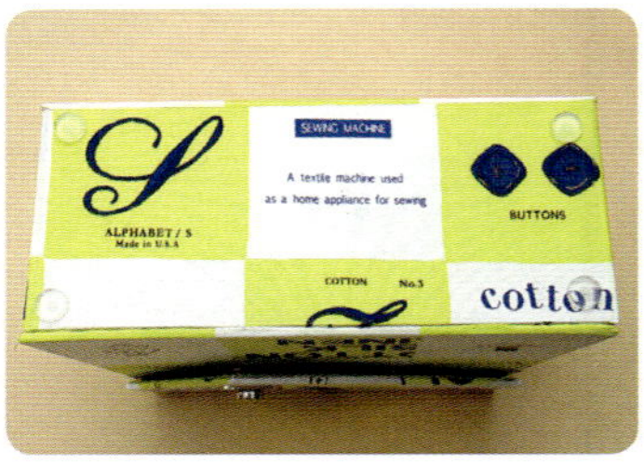

22 底部粘上透明脚垫。

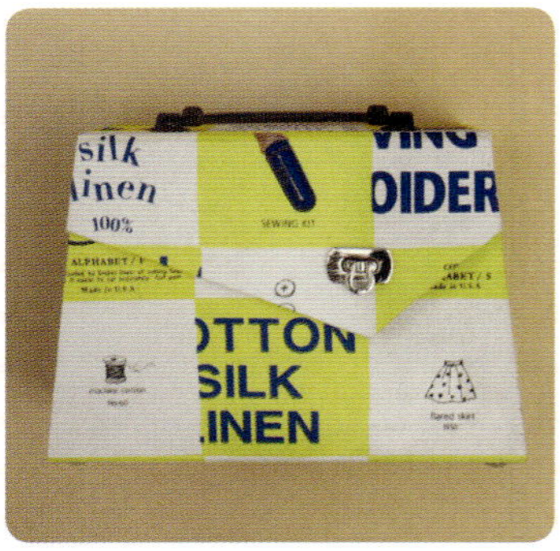

23 手提缝纫工具箱即完成。

布盒完制小提醒

完成的布盒切勿直接晒干，务必以阴干的方式静置两三天。
因布和纸干的速度不一，会造成布盒整体的变形。

风车音乐盒

作品设计／金昌廷老师　情境摄影／Rocky
教学摄影／陈启予　编辑／Tammy、韩欣恬　美术设计／韩欣恬
完成尺寸：约长28cm，宽11cm，高24cm　　附原尺寸图

转三圈，让音乐随着风车转到你心中！
如果想念可以收进抽屉里，
那么，当风扬起转动风车时，
请记得要数1、2、3转三圈……

裁片准备

※文中以大写字母表示用3mm厚片纸板，小写字母表示用1mm薄片纸板※

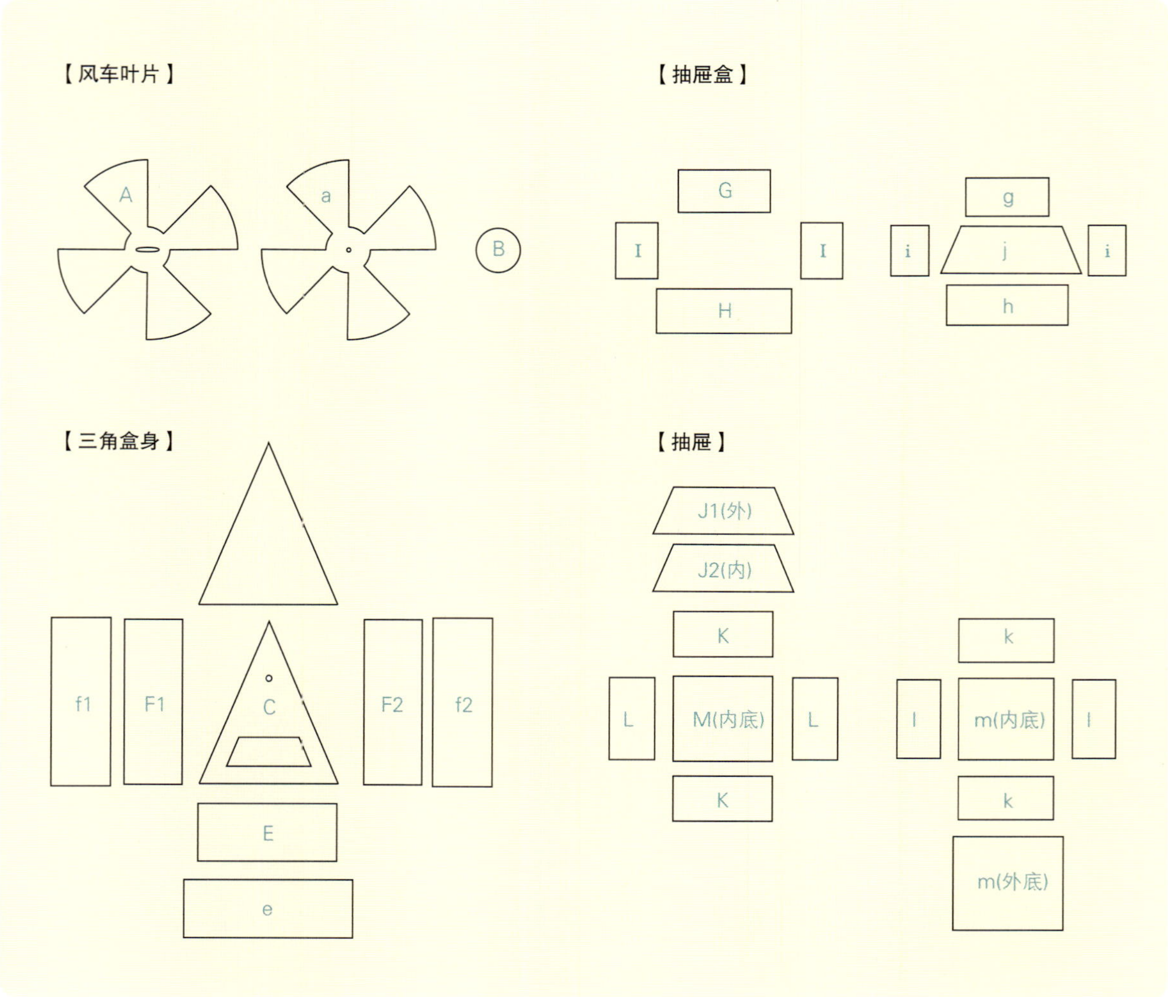

	1mm薄片纸板	尺寸	3mm薄片纸板	尺寸
风车叶片	a	依纸型	A	依纸型
	无		B	直径5cm
三角盒身	无		C	依纸型
	无		D	依纸型
	e	11cm×23.9cm	E	10cm×23.3cm
	f×2	11cm×30.6cm	F×2	10cm×30cm
抽屉盒	g	9.5cm×10.3cm	G	10cm×11cm
	h	9.5cm×14.2cm	H	10cm×16cm
	i×2	9.5cm×5cm	I×2	10cm×5.5cm
	j	依纸型	无	无
抽屉	无		J1(外)	依纸型
	无		J2(内)	依纸型
	k×2	9.2cm×3.5cm	K×2	10cm×4.3cm
	l×2	8.5cm×3.5cm	L×2	9cm×4.3cm
	m(内底板)	9.3cm×8.9cm	M	9.4cm×9cm
	m(外底板)	9.9cm×9.5cm		

材料:

- 纸板
- 表布
- 素布
- 皮绳
- 机芯

工具:

- 笔刀
- 裁刀
- 剪刀
- 锯齿剪刀
- 剪纸剪刀
- 纸胶带
- 镊子
- 拓印笔
- 白胶
- 把手
- 钳子
- #100砂纸

风车叶片

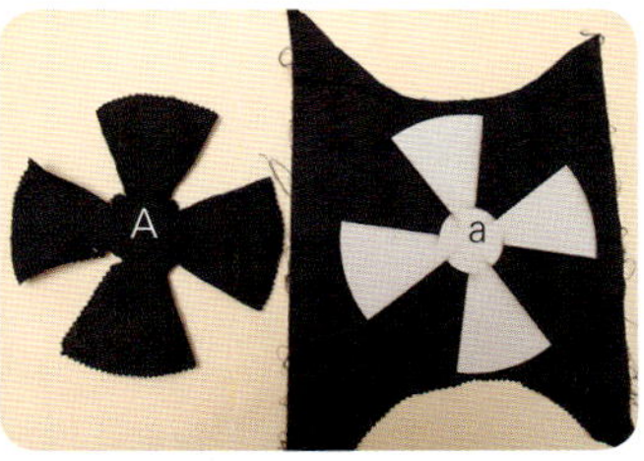

1 将风车A、a分别贴上素布(留缝份)，利用锯齿剪刀剪下。

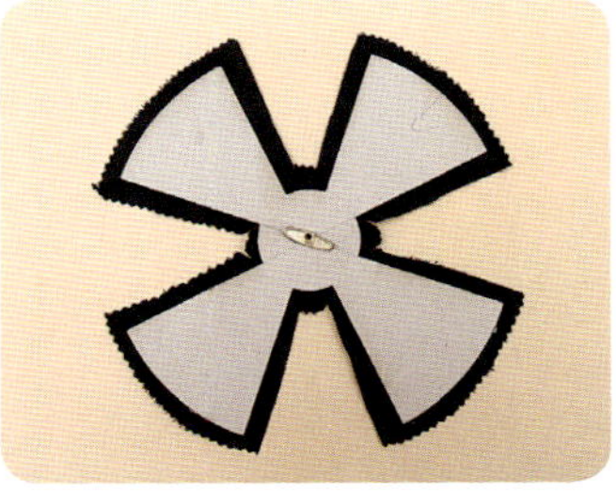

2 A纸型中间挖出放音乐机芯把手的椭圆形。穿入机芯固定锁。

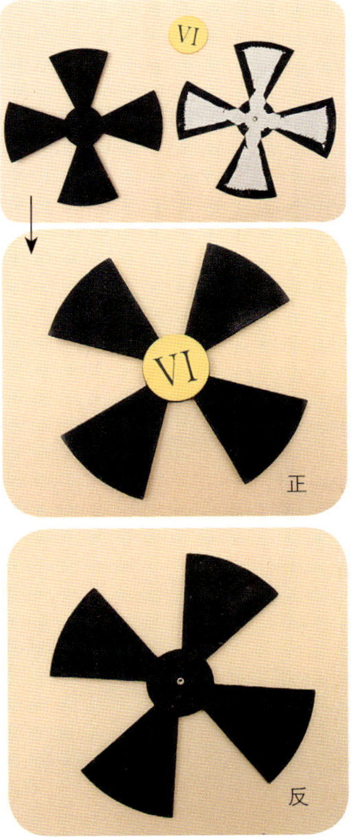

3 将A、a背面相对贴合，再将B圆贴上布后，粘贴在风车叶片正面。

4 A四周贴上皮绳。

三角盒身—后片D先不组合

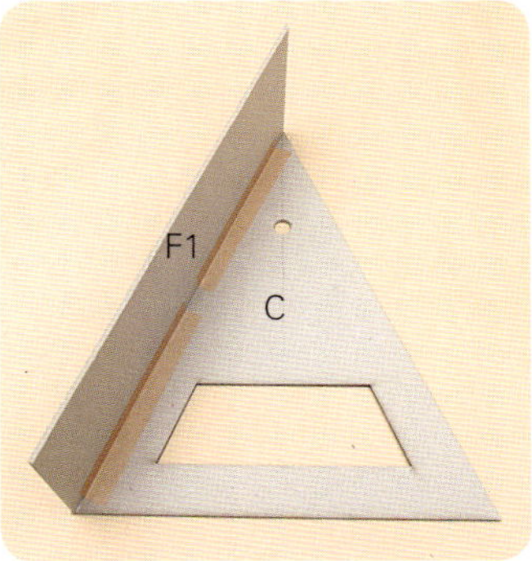

1 组合F1与C，先贴合一侧，前、后用纸胶带固定。

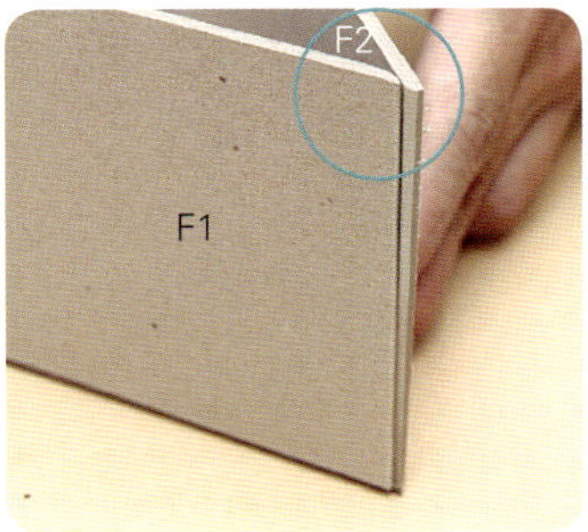

2 F用砂纸磨接合处，使尖角可贴合斜角。

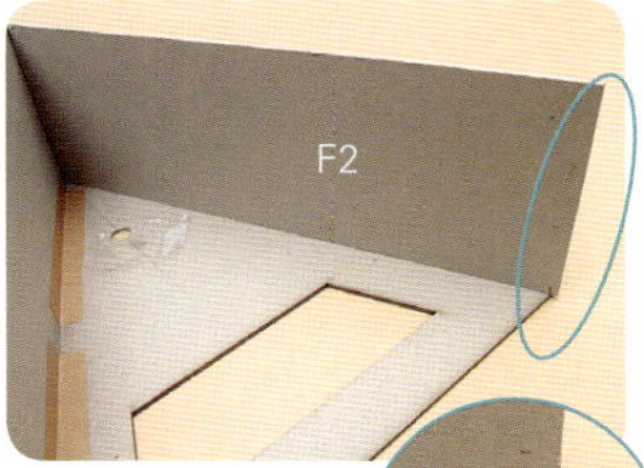

3 F2对齐F1后，先做记号，预备将多余的纸板切掉。

4 将锁机芯的位置画出记号点。

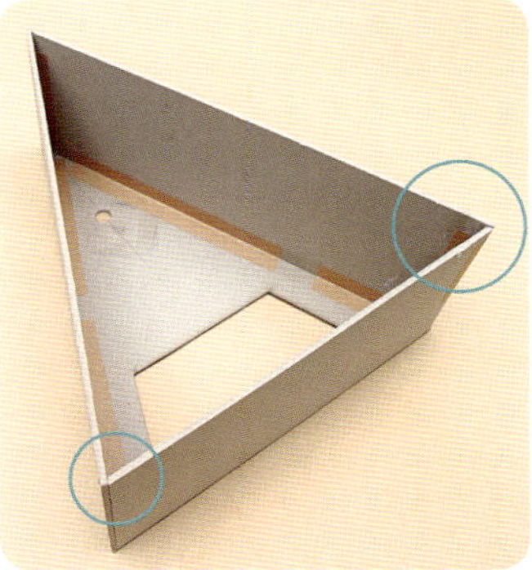

5 三角盒身底板E的两边先磨成斜边，再与步骤3接合。

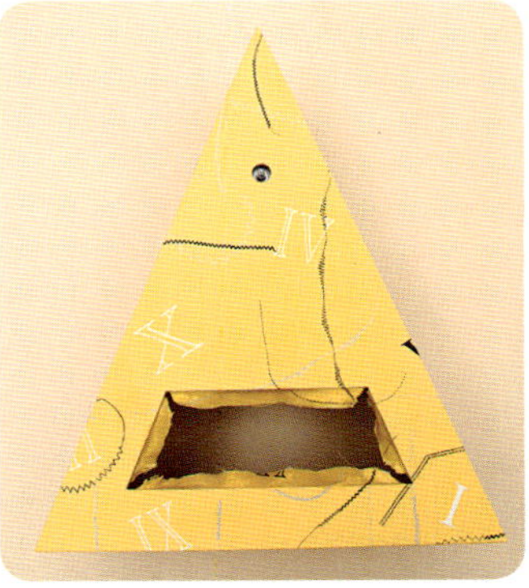

6 C贴布，挖开机芯洞，梯形部分留缝份先不粘，其余剪掉。

因为C包布厚度增加，所以裁下的抽屉梯形板J需要再修边。

7 先将机芯背面上点胶，轴心对准圆洞粘贴在三角盒内部，注意下方先垫上镂空的物品，轴心突出纸板C才不会碰撞到桌面。

8 螺丝先大致用三点固定机芯，抓好位置。

9 将螺丝长度修剪为符合纸板厚度(3mm)，再一根根锁上。

抽屉盒

1 用砂纸磨侧边I的10cm边修成斜边，使之可以与上下两块黏合。

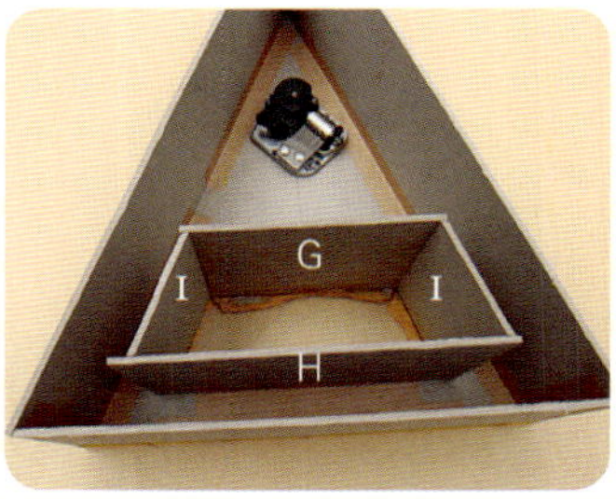

2 先组合上下G、H，再组合侧边I。

3 将C板梯形的缝份贴折入抽屉盒内。

D板组合前，可先将风车装上机芯测试，如果机芯位置跑掉可再调整。

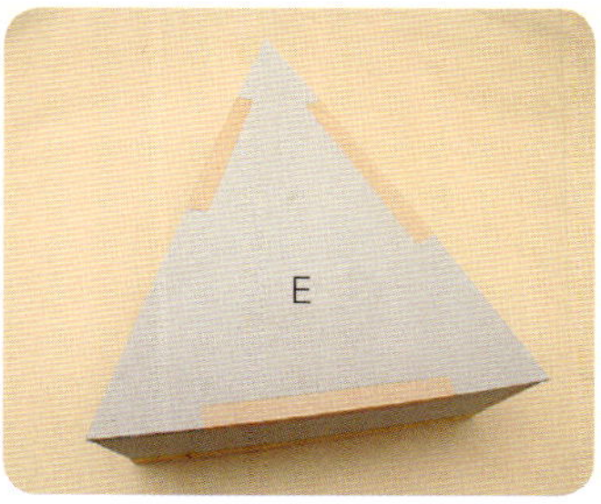

4 封底板E。

5 E粘上表布。

6 抽屉盒四边粘上胶带以加强固定。

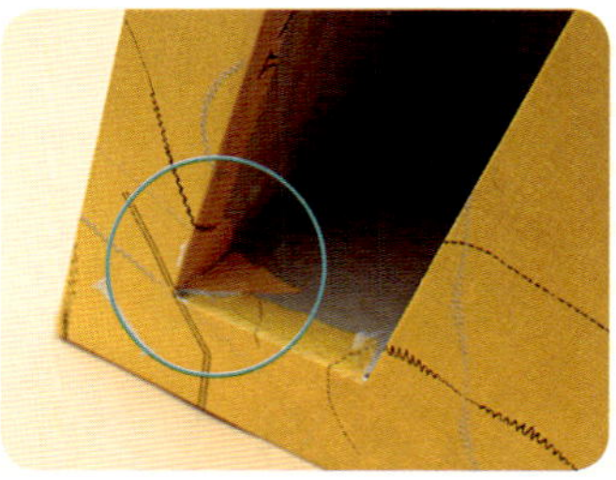

7 剪三角形小布块，加强粘在抽屉盒的四角。

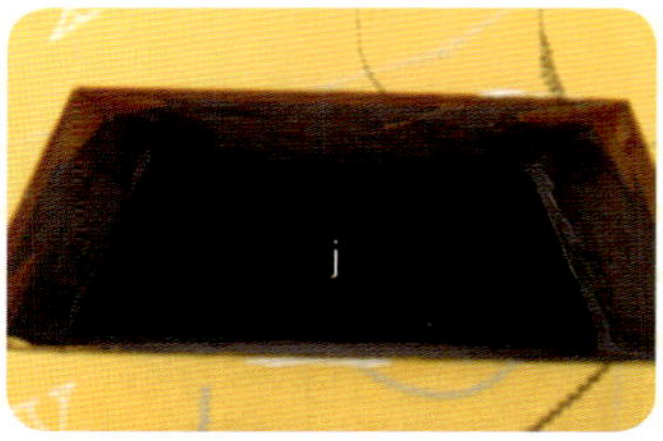

8 裁1mm抽屉盒后片j板并粘上表布。j板缝份先四边翘起往下压，粘贴在抽屉盒后方。

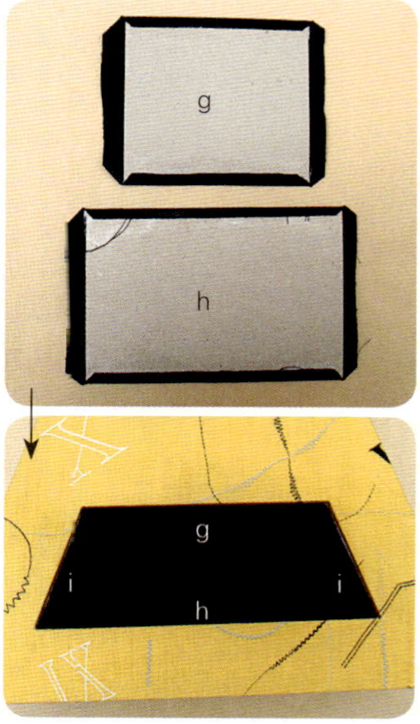

9 g、h粘上素布。先粘上、下缝份　左、右先不粘。和i两块粘入抽屉盒内。

完成三角形外盒

1 e板粘上表布，上、下缝份折入，左、右先不粘。

2 粘在三角盒身底部上。

3 f板包布，留11cm的一边缝份不粘，其余三边缝份粘好。

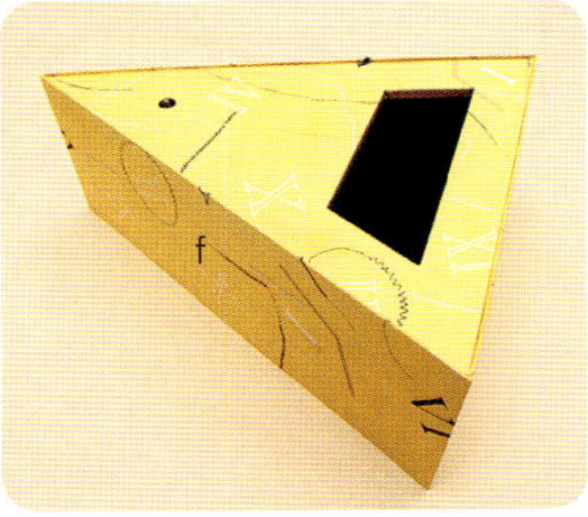

4 将f粘贴在三角盒的两侧边。

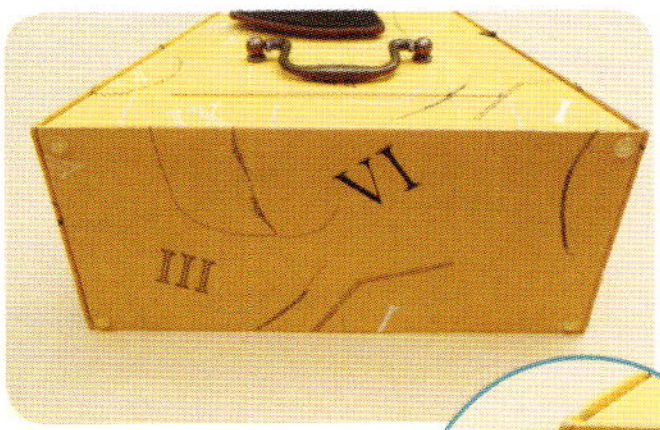

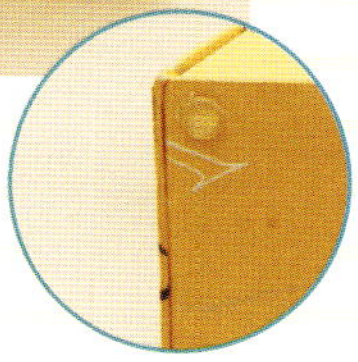

5 三角外盒底部四角贴上止滑垫。

抽屉盒

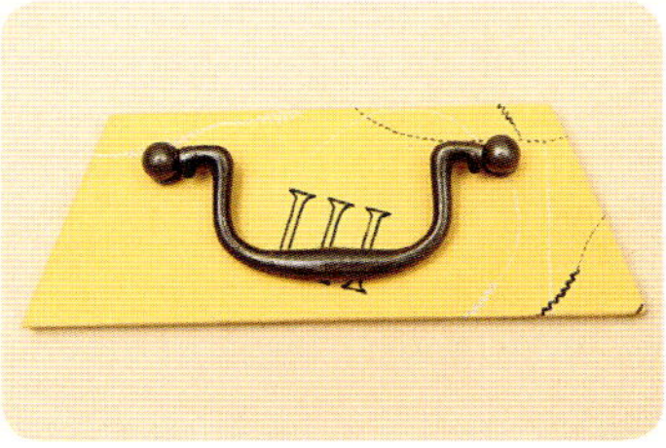

1 制作抽屉面板J，取J1、J2，J1先依把手取适当位置敲出空洞，再对应J2，黏合后敲洞（此示范作品采用两片，读者也可使用一片）。

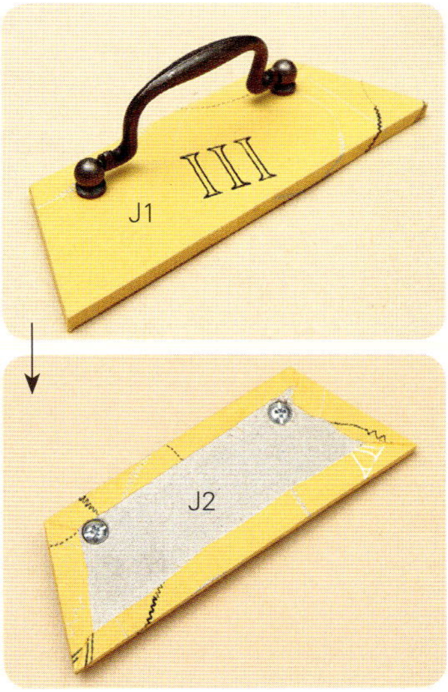

2 两块包布并锁上把手。

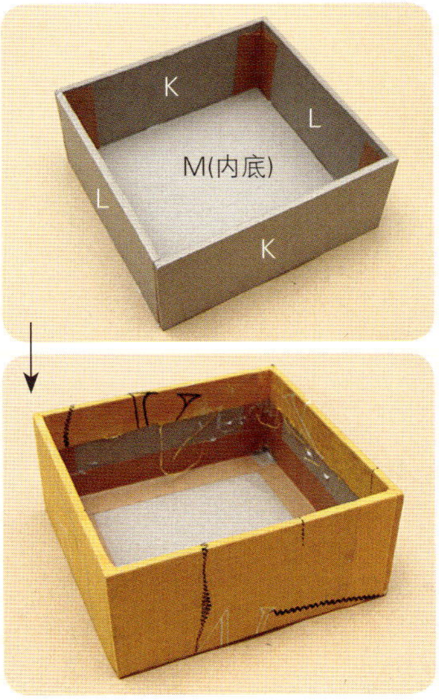

3 组合成抽屉，绕盒身外贴合一圈布片。

4 黏合抽屉内盒m(内底)、k、l及m(外底)。

5 组合抽屉面板及抽屉即完成。

6 组合完成图。

鸟语时光水桶包

毛线编织的鸟笼，
让鸟儿仿佛啁啾于树林的深处，
牛仔与图案布的搭配，
水桶包的质感与俏丽一跃而出！

■作品设计 / 庞慧如老师 ■情境摄影 / 萧维刚 ■教学摄影 / Tammy ■编辑 / 刘芝颖 ■美术设计 / 林巧佳
■完成尺寸：长31cm，宽17cm，底18cm ■附原尺寸图

材料

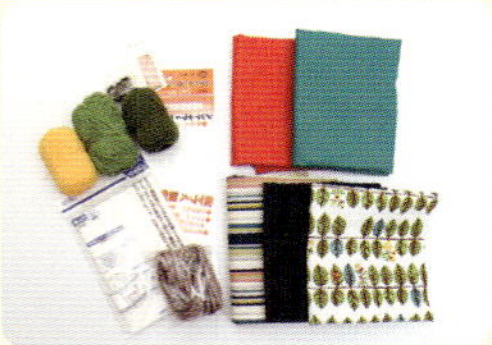

主布×5各30cm、配色布×6、毛线×3色、奇异衬、粘贴型硬衬、转写浸透纸、6mm棉绳、菊花扣×8、铆钉×4组、皮片×2

• 使用机型：Bernina580

裁片准备

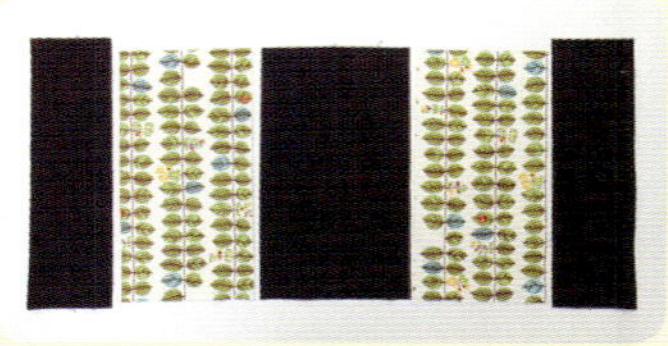

表布	
侧身	蓝色帆布：⇕34cm×20cm×1片
	⇕34cm×11cm×2片
	叶子图案布：⇕34cm×18cm×2片
底	蓝色帆布：20cm×18cm×1片
里布	
	条纹口布：⇕8.5cm×36cm×2片
	棉布：⇕29cm×36cm×2片
底	蓝色帆布：20cm×18cm×1片

特殊压布脚

32号
7沟槽镶缀压布脚

压布脚底部有7道凹槽，能让棉绳紧紧地固定在布料上。适用于厚度适中的布料，在2mm的双针和双线搭配下，能创造出更多不同的装饰压线。

23号
透明贴布缝压布脚

透明的压布脚底板，可以清楚地看到花样。

做法

(表袋)

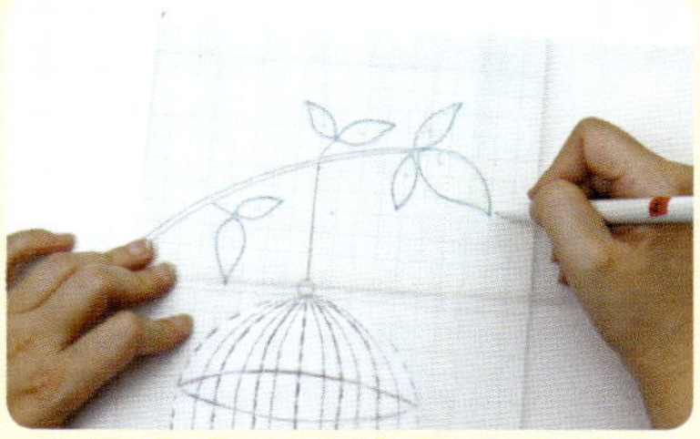

1 将浸透纸置于纸型上，以水消笔描上叶子和鸟笼图形的轮廓。

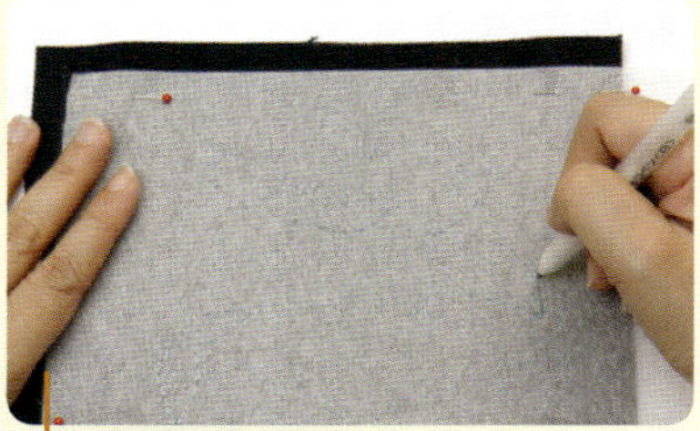

2 取34cm×20cm的蓝色帆布标出缝份位置后，将浸透纸固定在其上，以白水消笔点描图形。

◆水消笔的水会透过点描的方式渗透至主布上，若用一般直接描法可能会画不上去。

3 奇异衬描出纸型上的图形后，熨烫于配色布的背面，再剪下图形。

◆注意画叶子时需反向描绘。

4 配色布取完各图形后，烫于表布上，并以同色系线车缝在轮廓固定。再同步骤2，将鸟笼的细部轮廓点描至主布上。

5 使用32号压布脚、2号花盘、幅宽0.3、针目1.5、头尾回针，将黄色细毛线置于压布脚沟槽中，车线于鸟笼图案上。

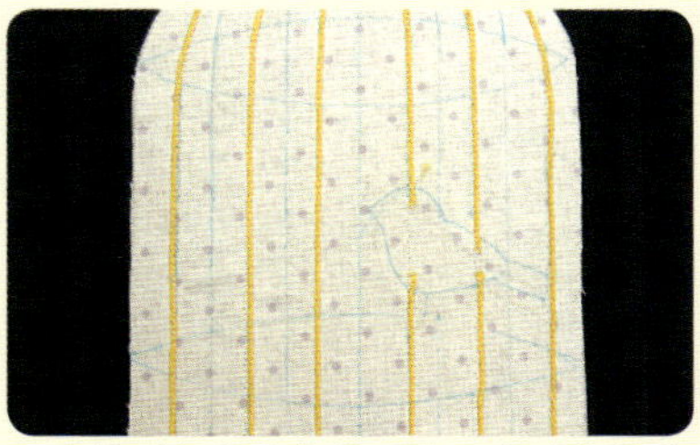

6 车缝时保留小鸟处不车，完成鸟笼的线条装饰。

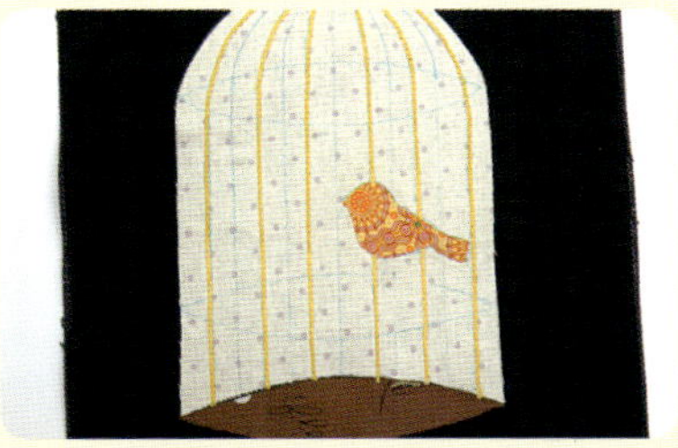

7 烫上小鸟图案布。

8 车缝上绿色细毛线。

◆透过黄色与绿色毛线，在小鸟布的前后创造景深的效果。

9 使用23号压布脚、2号花盘、幅宽1、针目1.5、头尾回针，将浅绿色粗毛线车缝于鸟笼外围轮廓上。

10 将细部的图案线条以浸透纸点描完成，以自由曲线车上填满，并将小鸟的轮廓线车缝上。

11 接缝表布，缝份摊开，正面压车0.5cm装饰线。将表袋接缝完成。

12 裁16cm×18cm粘贴型硬衬，粘贴于底帆布上。

13 底布以2cm的间距压线，完成底布。

14 接缝表袋身及袋底。

◆袋身与袋底的接缝小技巧：
先车缝长边两边，注意车缝到止缝点即可，再将四个角交接处的缺口打开，最后将短边车缝起。

(内袋)

1 条纹口布与里布正面相对车缝1cm处，后将缝份打开，正面压装饰线。共两份。

◆此处可依个人需求制作口袋。

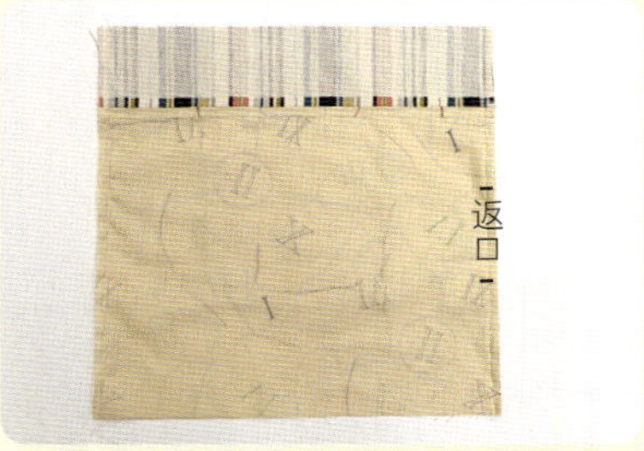

2 接缝两片内袋里布两侧，留一返口。

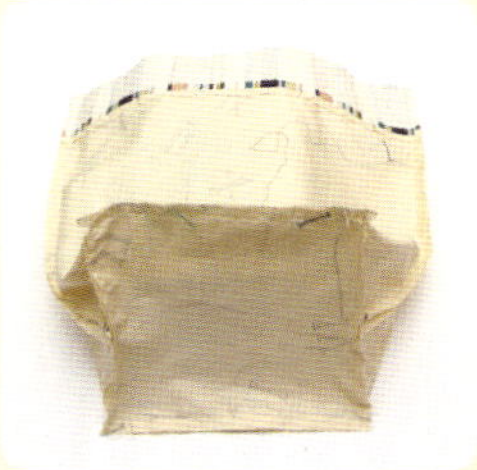

3 接缝袋底，完成里袋。

(提手)

1 取提手配色布4cm×110cm两色各1条，对折车缝0.7cm。

2 利用穿带器翻回正面。

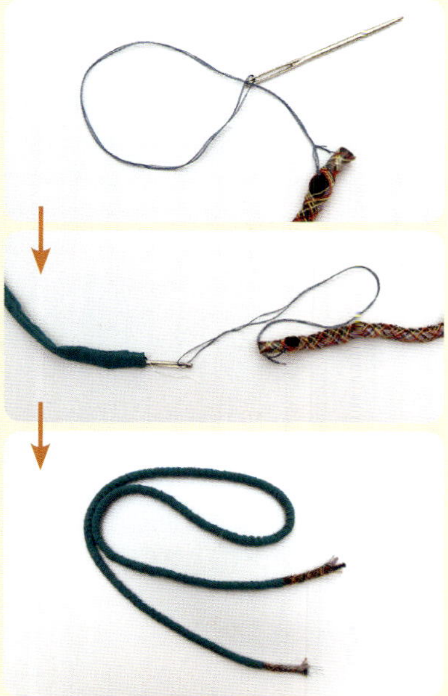

3 取一粗针穿过粗棉绳，再借此将棉绳穿入提手布。

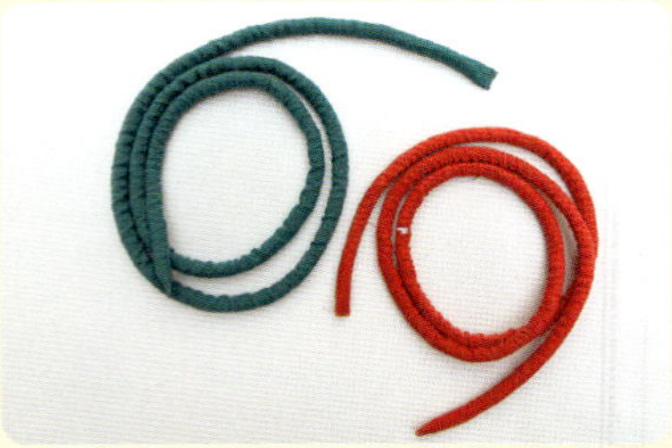

4 将头尾缝合固定，双色提手完成。

(组合)

1 表、里袋正面相对，上缘车缝1.5cm一圈，由返口翻回正面，在上缘条纹口布与表布的交界处车缝一道装饰线。

2 于侧片叶子布上找出中心点，钉上皮片。

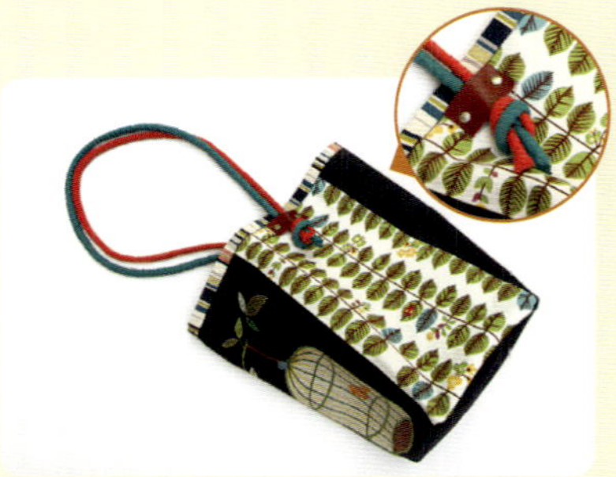

3 穿入双色提手，两头皆打结固定。

4 依纸型位置打上菊花扣，穿入棉绳，即完成。

胡桃钳王子壁饰

圣诞夜里，胡桃钳娃娃化身成为英俊的王子，保护心仪的公主，浪漫又奇异。利用快速翻车的技巧组合出每一部分，如同童话经典再现，在充满欢欣的季节里，最应景。

■作品设计\庞慧如老师 ■情境摄影\萧维刚
■教学摄影\Tammy ■编辑\王义馨 ■美术设计\林巧佳
■完成尺寸：长88cm，宽46cm ■附原尺寸图

■改编自Christmas Delight by Jaynette Huff

布料

灰底点点：35cm×110cm（背景布）
黑紫色：25cm×35cm（ 帽子，靴子）
红色：25cm×35cm（外套）
白底彩色点点：25cm×35cm（裤子，袖口，饰带）
黄色：18cm×35cm（帽饰，肩徽）
肉色：15cm×35cm（脸，手）
深肤色：15cm×15cm（鼻子）
黑色：15cm×15cm（帽带，胡子）
深蓝色小边条：
4.5cm×69.5cm×2条，5cm×33cm×2条
日历大边条：
9cm×75.5cm×2条，9cm×48cm×2条
美国棉：95cm×52cm
后背布：100cm×55cm

配件

黑色扣子（眼睛）2颗
装饰扣5颗

拼接图

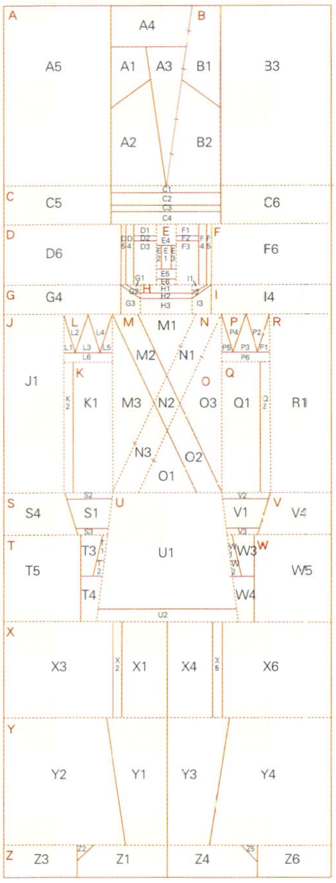

做法

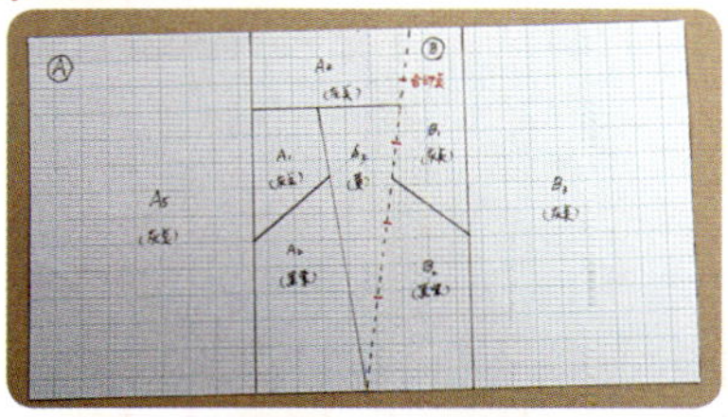

1 将附件纸型按照说明先剪开成为五大区块。注意纸型上所标示的布与拼接顺序。

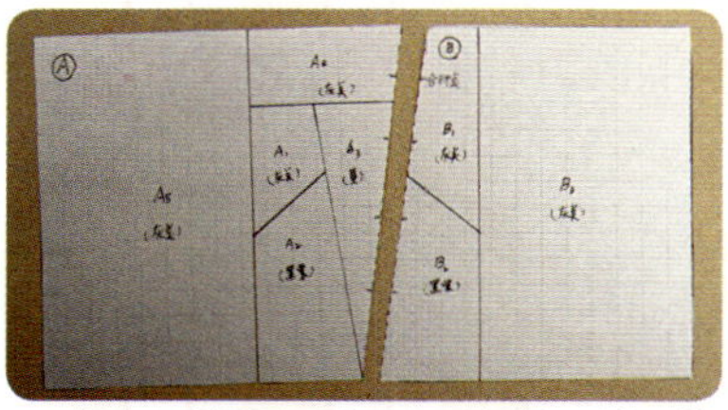

2 将各区块的纸型，先以机缝纸衬直接复制后，将虚线剪开。需注意合印点的对齐。

> **TIPS:**
> 画纸型时，要注意不同线条的意思：虚线表示可裁，实线表示车缝位置，并注意合印点的对齐。

准备布片

3 注意：裁剪布片时，要在布上做与纸型相同的记号。如A1、B2等图形为不规则形，布片仍需裁成方形，且缝份为2cm；若图形为正矩形，缝份1.5cm即可，附件提供纸型为左右颠倒。

4 将剪下的各区块排列好，并如图示对照纸型。

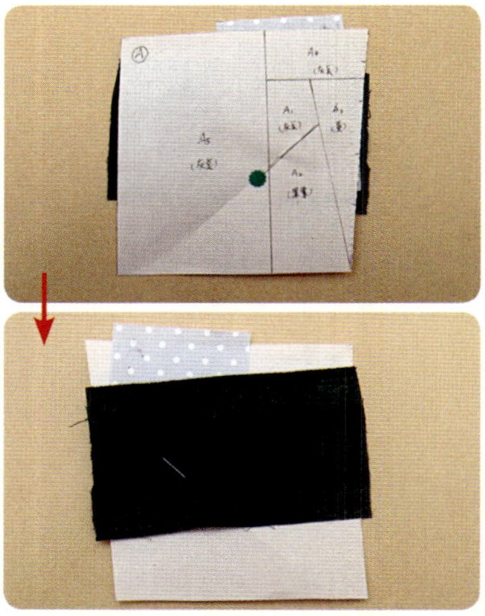

5 先用珠针别在要车缝的线上，翻至背面，检查布片的位置是否正确。

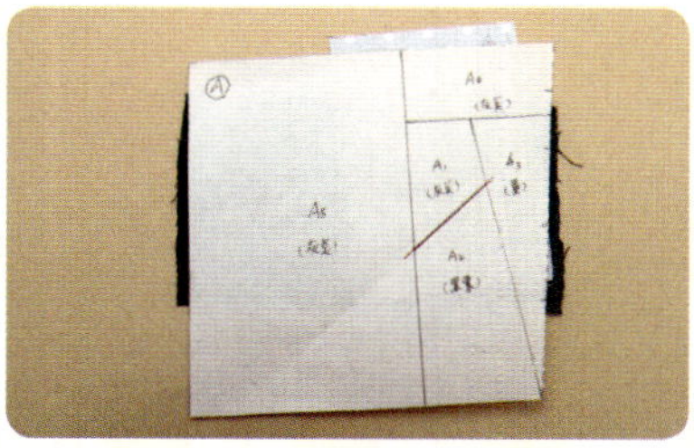

6 确定无误后，即可开始车缝。前、后多车缝两三针。

7 纸型依车缝线折好，留缝份0.7cm其余的布片裁掉。翻到布面，将A1、A2布片整理平整。

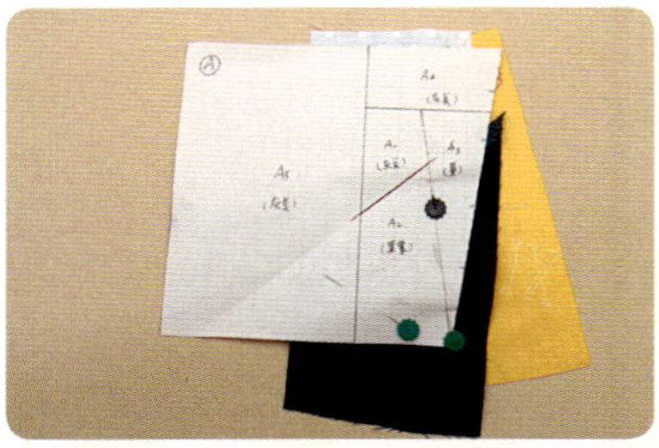

8 拼接A3布片，再次用珠针确定位置后车缝。

9 将纸衬与布片再确认，留缝份0.7cm，其余同样裁掉。

10 依序将A组区块布片拼接完成。

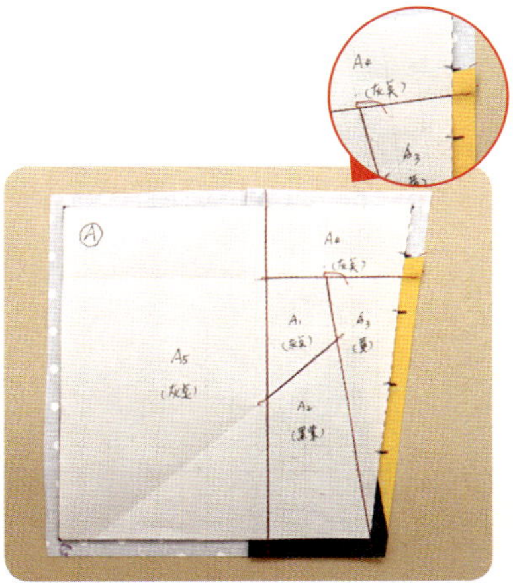

11 翻至纸衬面。将合印记号点画在布上。再沿着纸衬边留0.7cm，其余剪掉。重点要将4个角特别标示出来，此时纸衬都不要撕掉。

12 翻至正面，此为帽子的右半部分。

13 接着按纸型的标示，将各布片分别组合，此图为帽子的完成组合。

14 完成脸部、下巴与脸颊的拼接组合。

15 肩膀与上身的组合。

16 手部与下围部分区块。

17 腿部与足部区块。

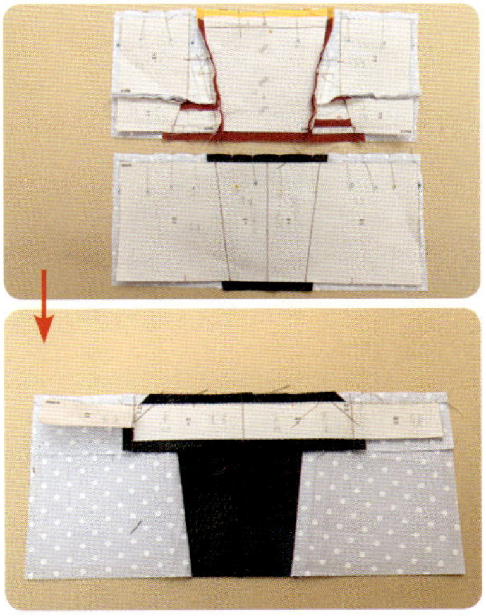

18 组合大区块布片，将布片面对面的以珠针先固定，再车缝。车缝时要注意点对点。

19 车缝完后，确定无误，再把纸衬撕下。

20 最终拼接完成可爱的胡桃夹子。接缝小边条，顺序为先接左、右再接上、下。

21 拼接大边条，其顺序同样先接左、右再接上、下。备好铺棉、背布三层一起落针压线（按照颜色区块压线），再滚边1cm完成。

映衣老师的图形练习簿

■作品设计／映衣老师 ■情境摄影／萧维刚
■教学摄影／陈启予 ■编辑／刘芝颖 ■美术设计／林巧佳

雨天的小幸福伞套

拼接一把漂亮的伞，
让阴郁的下雨天都变美丽！

■完成尺寸：约14cm×27.5cm ■附原尺寸图

HOW TO MAKE

1 将图形描在冷冻纸上后依图示剪下。

2 取纸型描在正斜布纹方向，留缝份剪下。

3 小块拼接：将纸型翻至背面，描在布的反面后剪下。

4 将图形描在主布上。

5 依序拼接小块布。

6 将布块A、B、C反面皆烫上冷冻纸。

7 珠针固定后以贴布缝缝上（先A、C后B）。

8 缝上花型扣后即完成。

{材料准备}

配色布、冷冻纸、花型扣

{布纹方向}数字为拼接编号

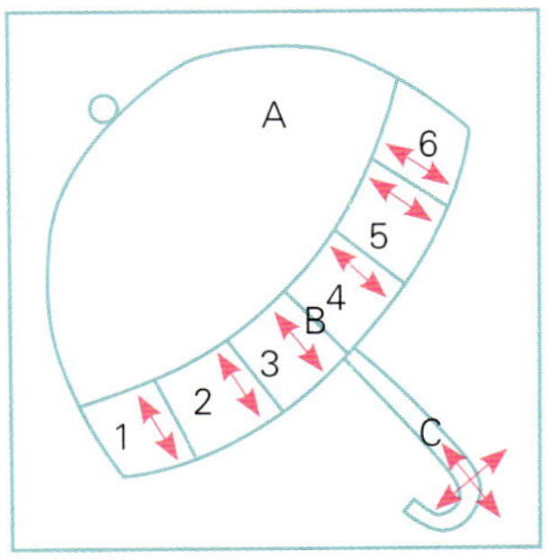

重点提示

伞面外围皆为弧形的曲线，以A为例，取正斜布纹可使其的外围呈现较为自然的圆弧，而B的小块布，将直布纹置于交接的内侧，让外围两侧保持弧形。注意布纹的方向，会让拼接的弧形线条更加自然美丽。

映衣老师的图形练习簿

■作品设计 / 映衣老师 ■情境摄影 / Akira ■教学摄影 / 陈启予
■文字编辑 / 刘芝颖、王义馨 ■美术设计 / 林巧佳

9种

花见幸福的壁饰

密密细缝，每个格子都有一个心情故事蕴藏其中，从爱上手缝的那一刻开始，将9种心情拼成一张小壁饰，这是我生活里的小幸福！

■完成尺寸：79cm×79cm ■附原尺寸图

本期重点

▲弧形的贴缝
▲小布块的拼接
▲画布纹标示图

HOW TO MAKE

{ 花篮提手 }

1 将宽2.5cm斜布条两侧向中心折烫。

2 内圈处沿着纸型的记号线先以珠针固定，固定时会产生自然的波浪，不需刻意拉平，有利于缝外圈的弧形。
★提手的边要对齐A布的缝份处。

3 从弧形的内圈以小针脚进行贴布缝。
★圆形易造成布面起皱，小针脚贴缝时切勿拉太紧。

4 将内圈贴缝完成，以按压的方式整烫。

5 再取珠针固定外圈，藏针缝完成外圈。

由背面可以看出完成后的针脚，布面皆为平整的。

{ 花篮 }

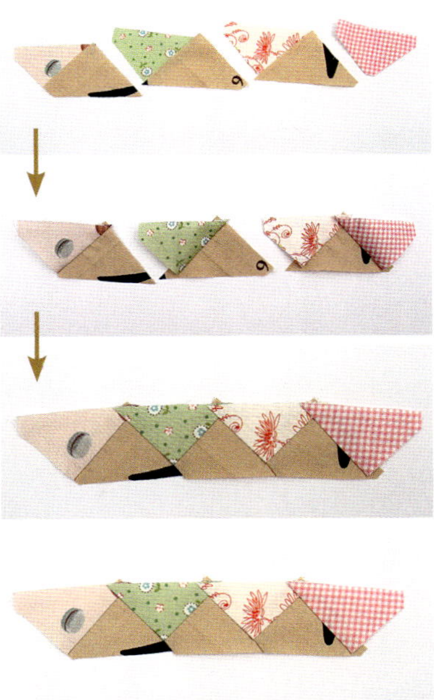

6 以平针缝接缝，缝份倒向花布。

7 接续拼接完成花篮的部分。

8 将B布与花布片拼接。

9 组合花篮与背景。

10 将提手、花篮、C布拼接组合。

[正面]

[反面]

{ 材料准备 }

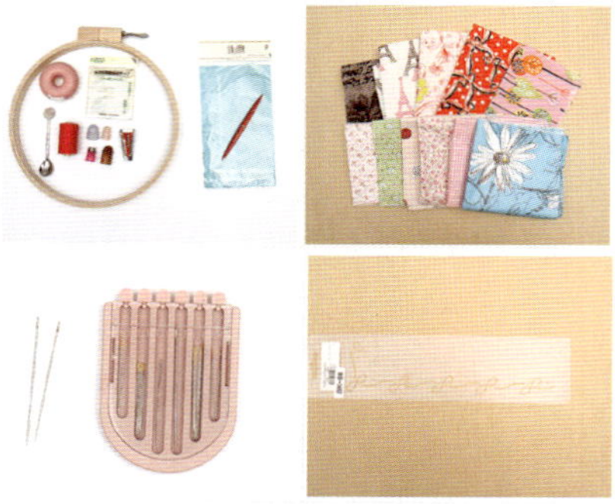

描图形：透明胶带、描图纸、铁笔、压线框
包边：布用双面胶、滚边器
疏缝：铁汤匙、疏缝线、指套
压缝：压缝框、指套
边条：A(70cm×5cm) 4条
B(20cm×5cm) 6条
C(80cm×5cm) 2条
配色布：20cm×20cm 4片
滚边条：以多种碎布拼接

HOW TO MAKE

{ 拼接 }

1 选取要置入拼接的五片壁饰(拼接做法请参考《巧手易NO.54》、《巧手易NO.55》、《巧手易拼布作品精选1》。

2 裁好所需布片及边条。

3 壁饰配置图。

{ 压线图形 }

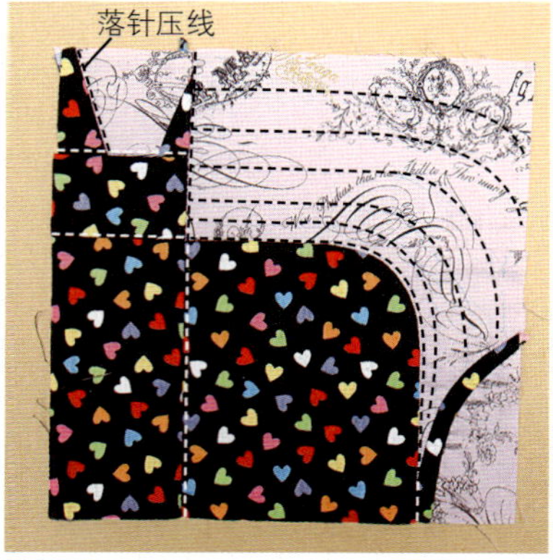

4 壁饰上描出欲压线的图案线条。

5 依个人喜好在背景布上画出压线的图案。

6 先将小壁饰与边条B拼接。

7 再与配色布拼接。

8 依配置图所示，先完成横向的拼接。

9 以边条A组合壁饰。

10 再拼接两侧边条C完成大壁饰的组合。

{ 压线 }

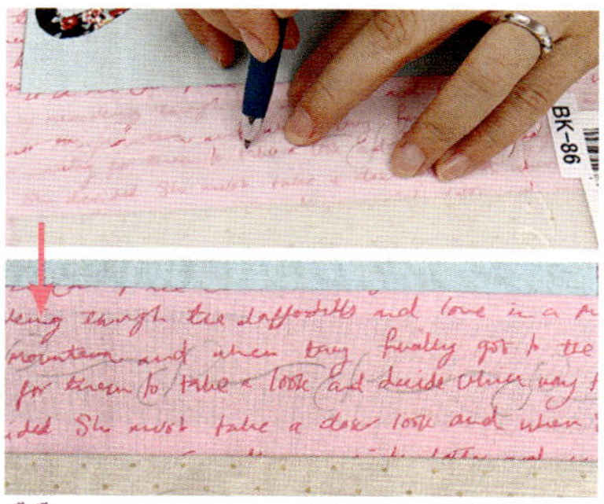

11 在边条处以压线板画上图案线条。

12 取里布、铺棉约90cm(需比表布大)，先以珠针固定位置后将三层由中心向外放射状进行疏缝，顺序为：①→②→③→④。

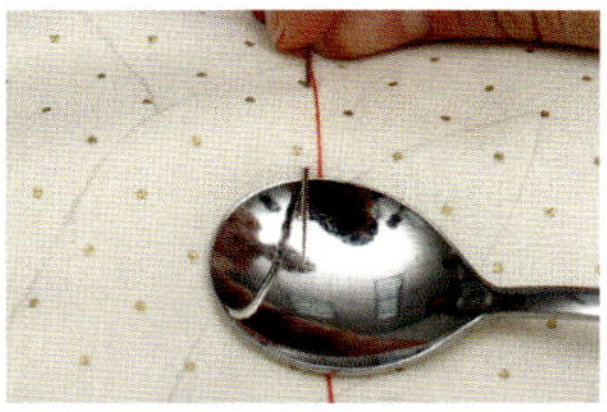

可用铁汤匙辅助疏缝。

13 同样由中心向外，以压缝框辅助进行压线。

以指套辅助能加快压线的速度。

14 以各种碎布拼接滚边条，应用于壁饰上，美丽的壁饰即可完成。

★此壁饰无圆角，所以碎布不必裁45度斜布纹，直布纹即可，不仅可以废物利用，滚边的色彩也能让作品更加丰富呢！

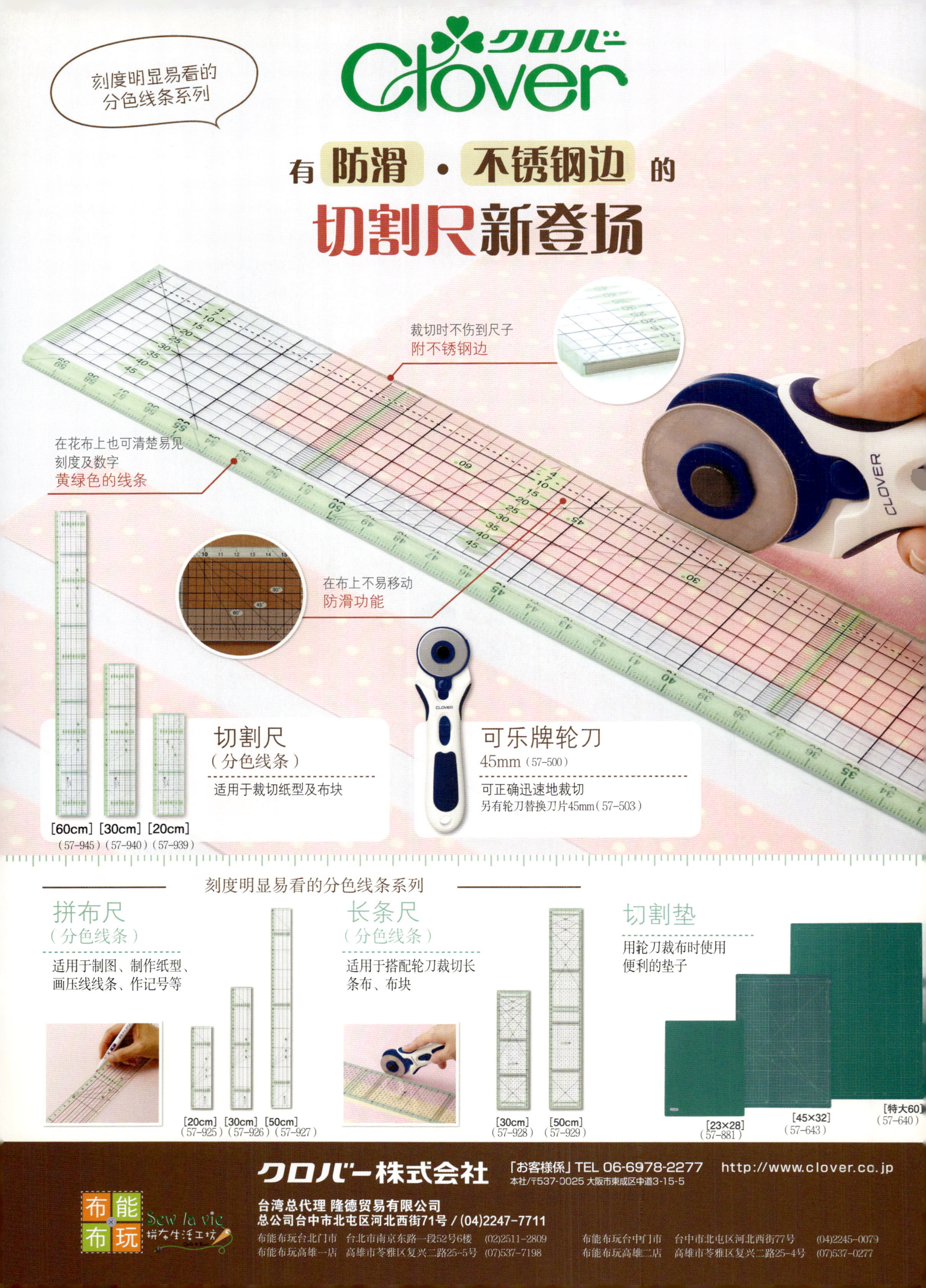

刻度明显易看的
分色线条系列
クロバー
Clover
有防滑・不锈钢边的
切割尺新登场
裁切时不伤到尺子
附不锈钢边
在花布上也可清楚易见
刻度及数字
黄绿色的线条
在布上不易移动
防滑功能
切割尺
（分色线条）
适用于裁切纸型及布块
[60cm] [30cm] [20cm]
（57-945）（57-940）（57-939）
可乐牌轮刀
45mm（57-500）
可正确迅速地裁切
另有轮刀替换刀片45mm（57-503）
刻度明显易看的分色线条系列
拼布尺
（分色线条）
适用于制图、制作纸型、
画压线线条、作记号等
[20cm] [30cm] [50cm]
（57-925）（57-926）（57-927）
长条尺
（分色线条）
适用于搭配轮刀裁切长
条布、布块
[30cm] [50cm]
（57-928）（57-929）
切割垫
用轮刀裁布时使用
便利的垫子
[23×28]
（57-881）
[45×32]
（57-643）
[特大60]
（57-640）
クロバー株式会社
「お客様係」TEL 06-6978-2277
http://www.clover.co.jp
本社/〒537-0025 大阪市東成区中道3-15-5
台湾总代理 隆德贸易有限公司
总公司台中市北屯区河北西街71号 / (04)2247-7711
布能布玩台北门市 台北市南京东路一段52号6楼 (02)2511-2809
布能布玩台中门市 台中市北屯区河北西街77号 (04)2245-0079
布能布玩高雄一店 高雄市苓雅区复兴二路25-5号 (07)537-7198
布能布玩高雄二店 高雄市苓雅区复兴二路25-4号 (07)537-0277
布能布玩
Sew la vie
拼布生活工坊

小甜甜的吊带连身洋装

用饱和色系营造可爱气氛，
再让自然渲染的圆圈为手作加分！
点缀在一旁的格纹小纽扣，
使穿上后的视觉色彩更丰富！

材料准备

- 表布180cm(幅110cm)
- 里布60cm(幅110cm)
- 包扣2.5cm×2个
- 包扣2cm×6个
- 透明接着衬
- 水溶性胶带
- 返里器
- 拆线器
- 压布脚：#1C、#2、#3A、#5

- 作品设计、做法文字／隆德贸易有限公司 李青绮老师
- 情境摄影／詹建华
- 教学摄影、编辑／刘芝颖
- 美术设计／林巧佳
- Size：F
- 使用机型：BERNINA 580
- 附原尺寸图

How to make

1 将口袋表布、里布正面相对，车缝记号位置。

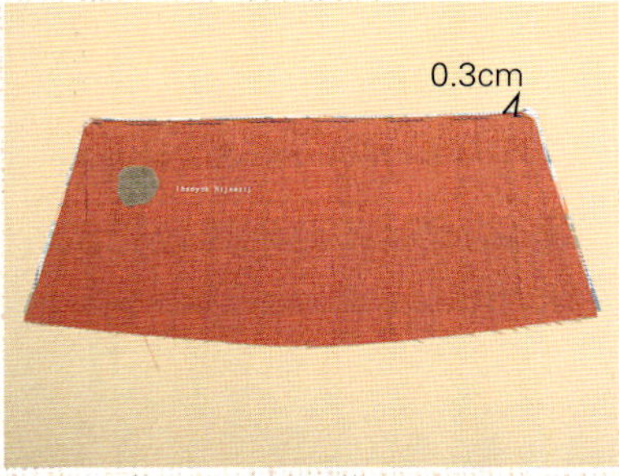

2 翻至正面，并将里布折烫出约0.3cm。

3 口袋布放置在上身片正面，并将上身片表、里布正面相对，车缝记号位置。

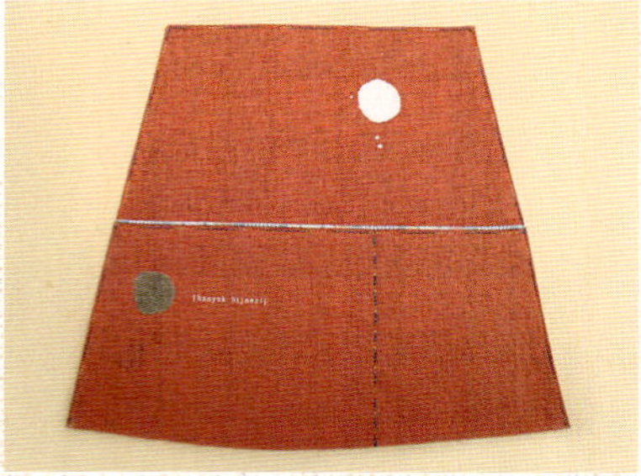

4 翻至正面，如图，车缝压上装饰线。

▲后裙片表布1片

▲肩带表、里布各2片

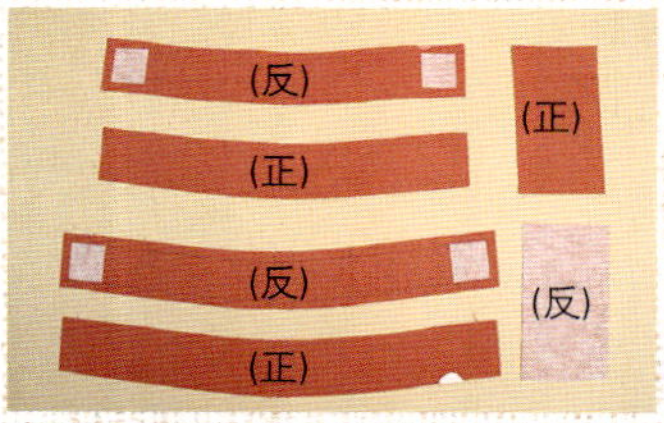

▲前、后腰带各2片，挡布2片
如图位置，烫贴上透明接着衬
(两片皆贴衬)

缝制前准备

▲上身片表、里布各1片，口袋表、里布各1片

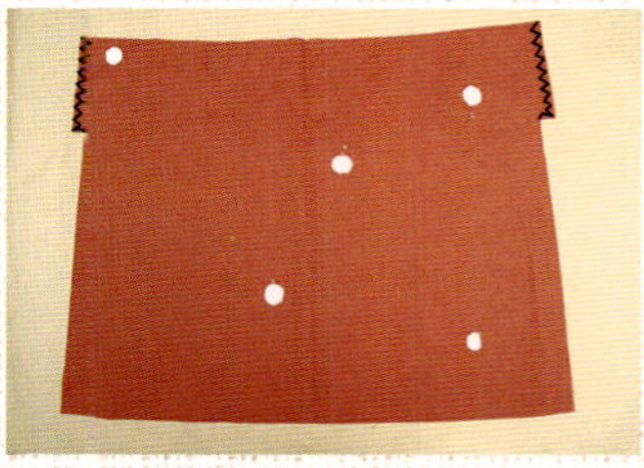

▲前裙片表布1片
于 ﹏ 记号处使用#2进行拷克。

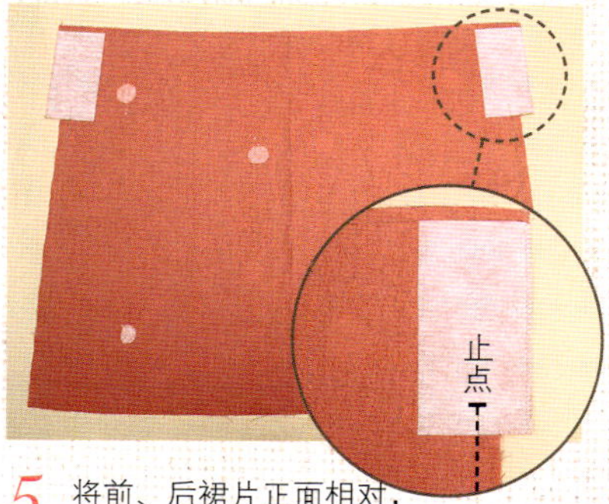

5 将前、后裙片正面相对，车缝胁边至止点。

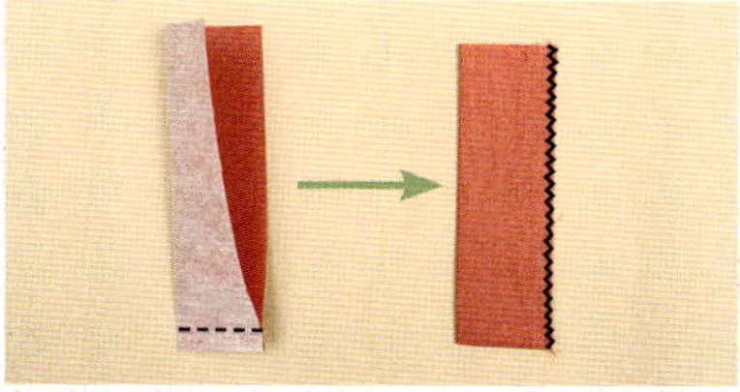

6 将挡布车缝，翻至正面使用压布脚#2进行拷克。

7 将挡布车缝在后裙片上，并整烫。

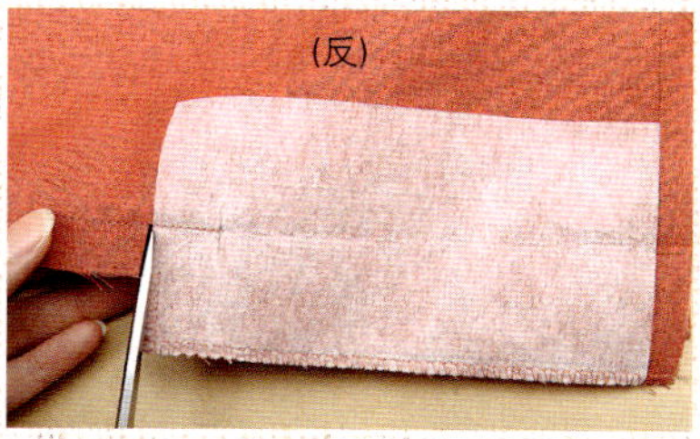

8 如图所示剪一刀。

9 将裙子缝份倒向后裙片。

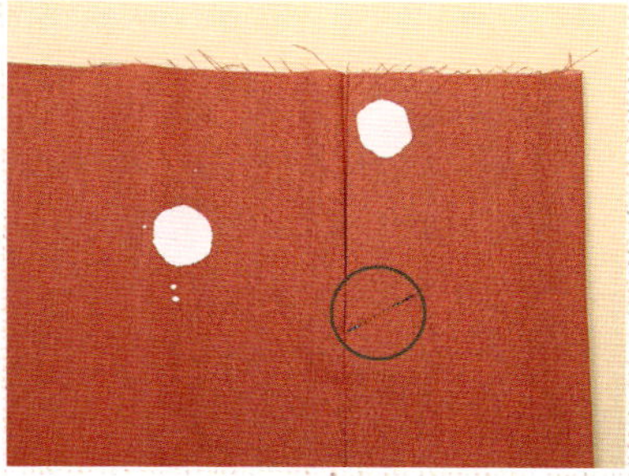

10 于记号处车缝固定挡布。

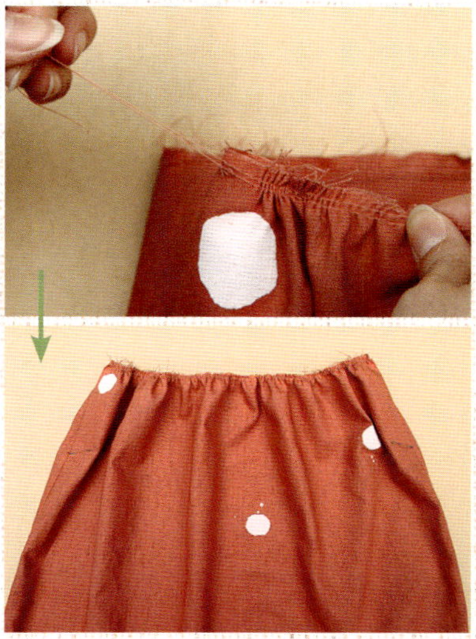

11 将裙子腰围缝份处以大针脚车缝0.7cm、0.5cm线两条，均匀地拉出褶皱。

12 将2片前腰片与上身片夹车。

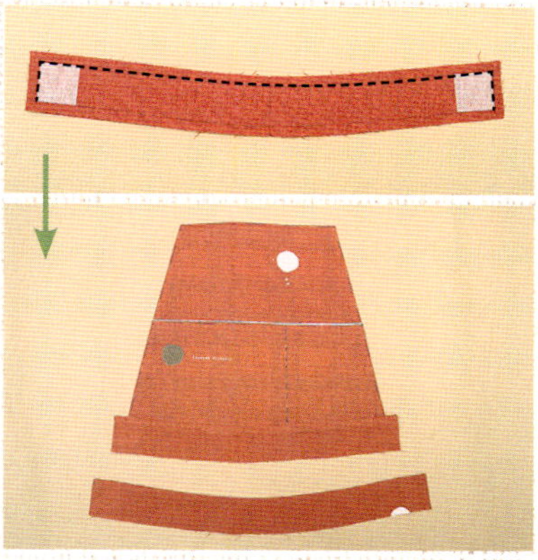

13 将后腰片如图记号处车缝，并翻至正面。

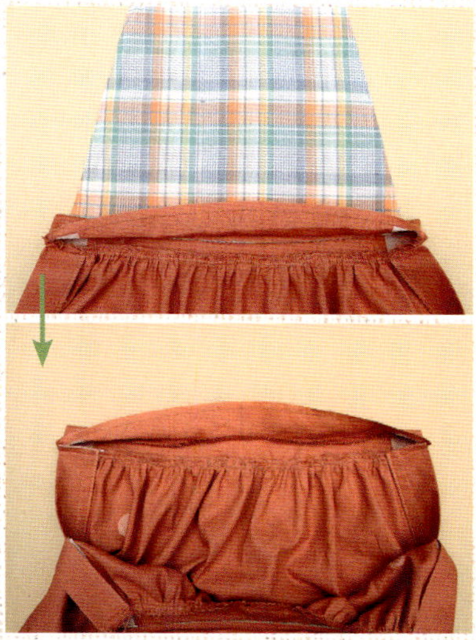

14 将前、后腰片与前、后裙片正面相对车缝。

15 将缝份折烫，使用水溶性胶带粘贴于缝份处，以辅助车缝。

16 如图，于正面车缝压装饰线。

17 将肩带表、里布对折熨烫，车缝1cm至止点。

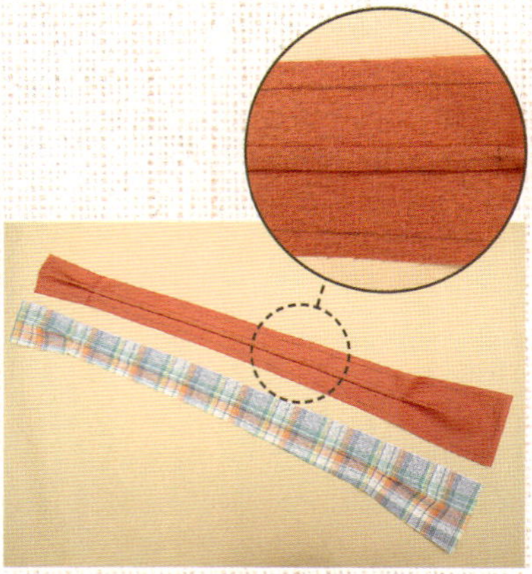

18 如图，将缝份烫开。

19 将肩带表、里布正面相对，车缝。

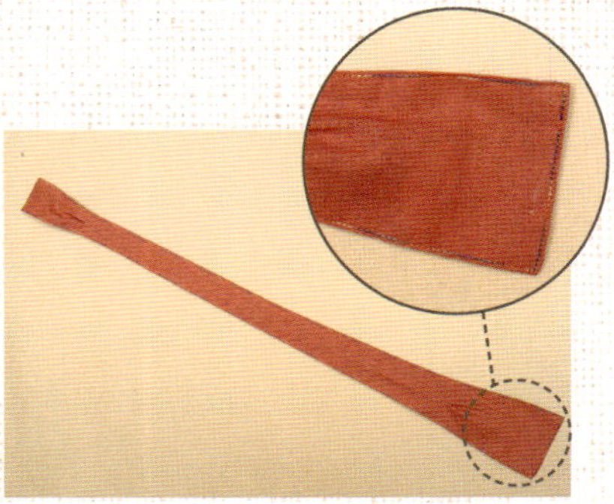

20 用返里器将肩带翻至正面，并将两头缝份折入1cm，车缝压装饰线。

21 如图，使用#3A压布脚完成扣洞。

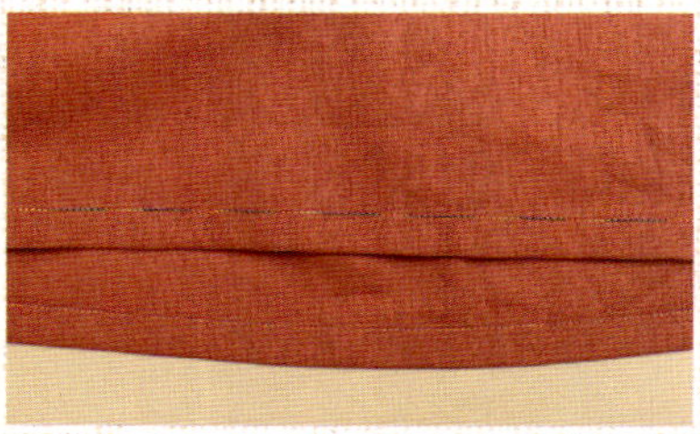

22 将裙子下摆三折熨烫，使用压布脚#5车缝一圈。

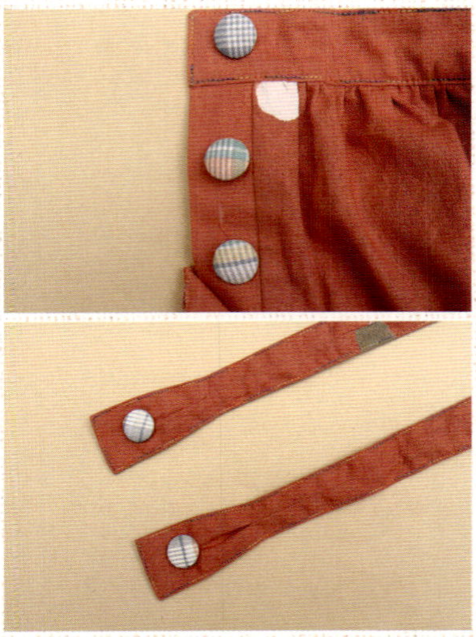

23 缝上包扣。

24 将肩带车缝于后腰带上。

25 完成。

帅气长袖衬衫

触感舒适的棉布、合体的肩线剪裁，
量身打造专属的时尚衬衫，
多一分显瘦，短一点帅气，
总能显现身形的优势和独特性。
自信，就该穿出门！

材料准备

- 丝光棉180cm
- 黑色洋裁衬

●作品设计／魏廷伃 & 简雪丽老师 ●情境摄影／Akira ●教学摄影、编辑／王义馨 ●美术设计／林巧佳 ●完成尺寸：约肩宽49cm，长85cm ●附原尺寸图

裁片准备

▲前身裁片

▲后肩裁片、后身裁片

▲长袖子2片

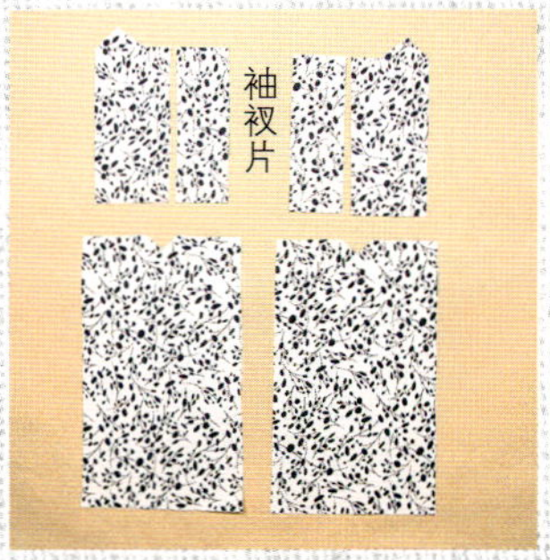

▲袖口及袖衩片2片

▲口袋1片

How to make

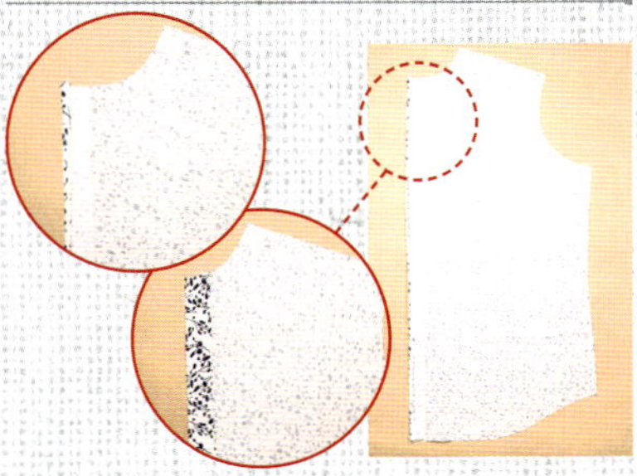

1 前片烫双折，先1cm再烫折烫3cm，车缝出预缝纽扣的纽扣片。

2 口袋：四边向内折烫1cm缝份。袋口再往下折烫2cm。车0.1cm固定线。

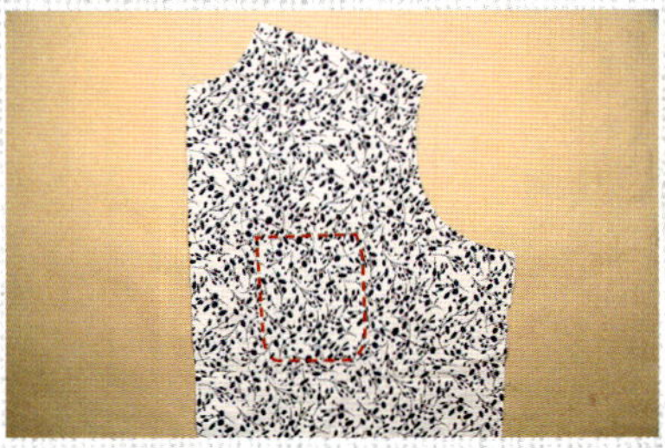

3 依位置车缝固定于前裁片。

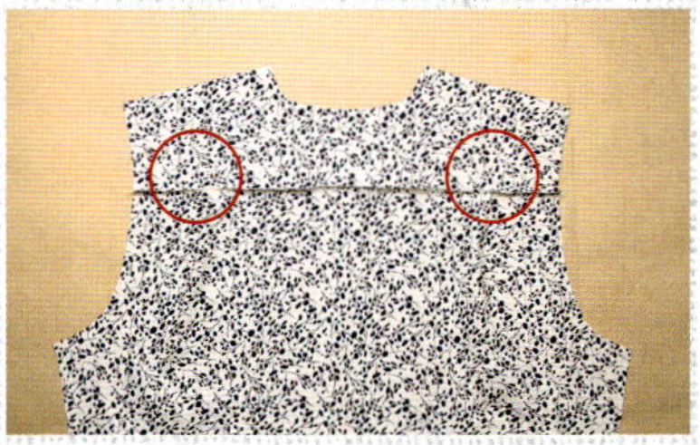

4 组合后裁片的上肩片与下身片。先将下裁片的打褶记号处车好褶子，再上下、两片背面相对，由正面车缝接合。

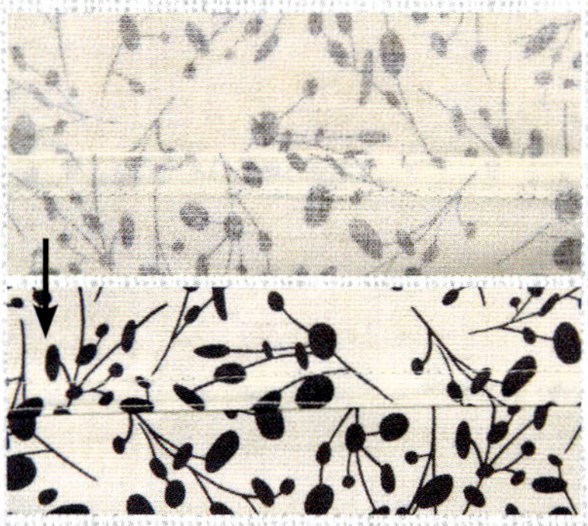

5 包缝份，由正面先将缝份烫开，再由背面折车0.7cm将缝份包起来，翻至正面沿边压0.1cm固定。

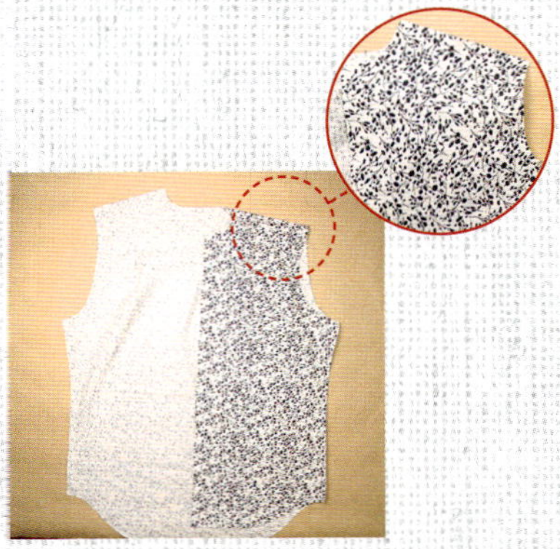

6 接缝前、后裁片，先将侧胁边对齐由正面缝合后，再接缝肩线。缝份需烫开。

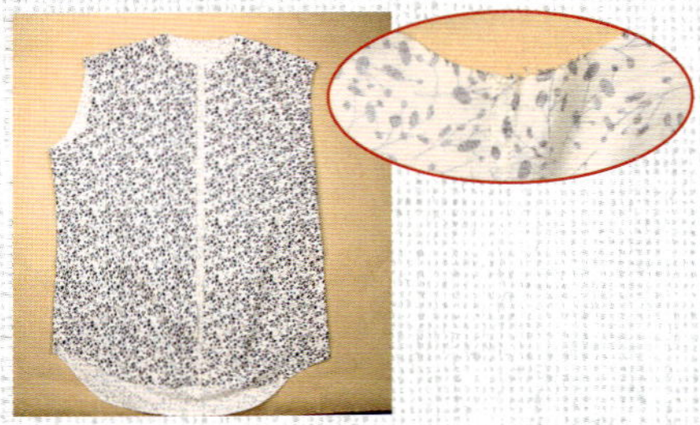

7 完成前、后片的组合，再将缝份处做包边处理。

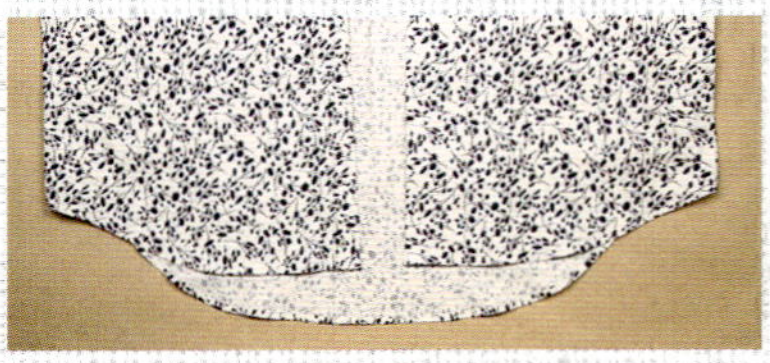

8 收下摆，折两折0.5cm烫折后车缝。

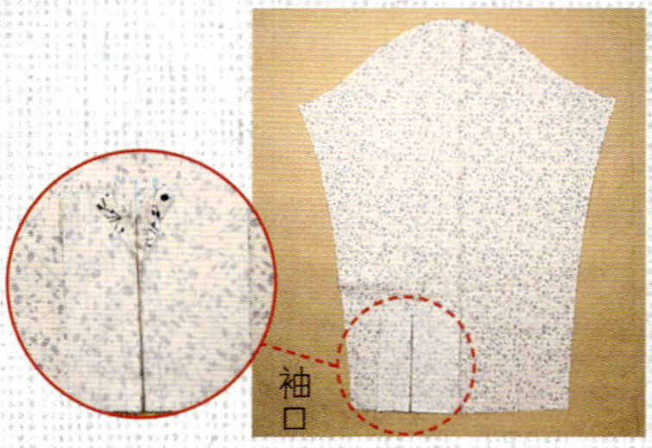

9 袖子组合，先将袖衩片依纸型位置车缝至止点，再将两片中间处剪开。如图所示一端剪Y形。

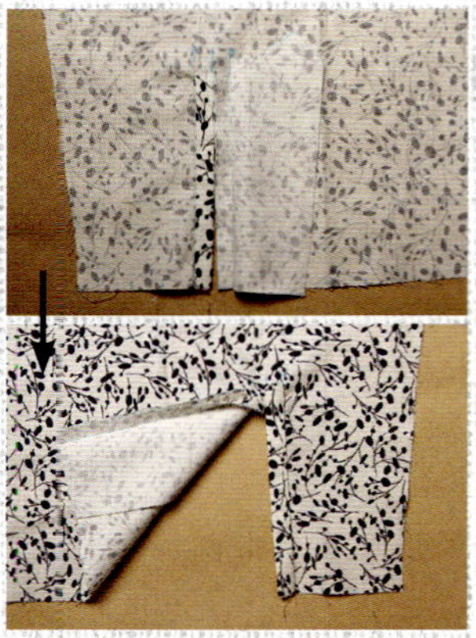

10 左边缝份如滚边先翻至正面。正面如图。车缝固定。

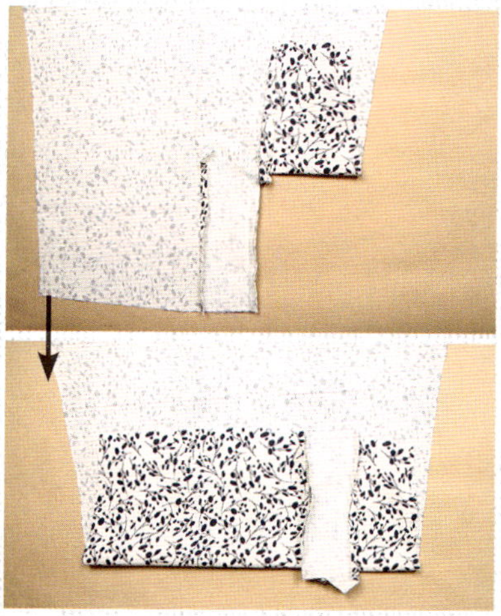

11 如图，将袖衩片由正面再拉至反面。

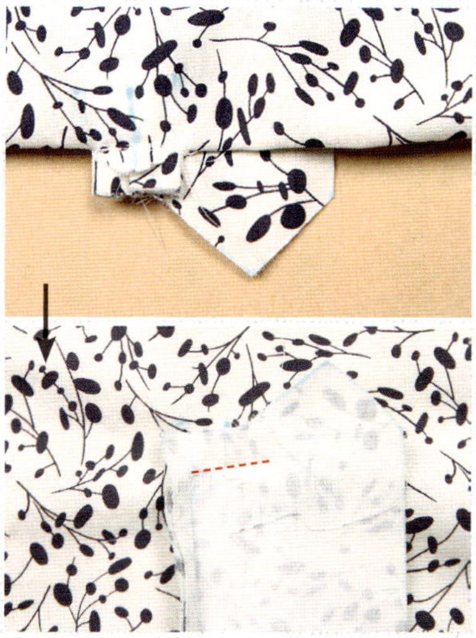

12 抓出三层的角，再一起车缝固定于衩片的上方。

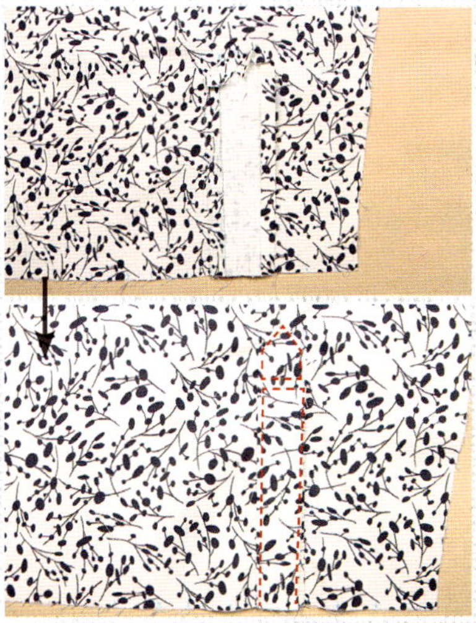

13 烫折缝份，再翻回正面车缝压两侧。完成袖衩片。

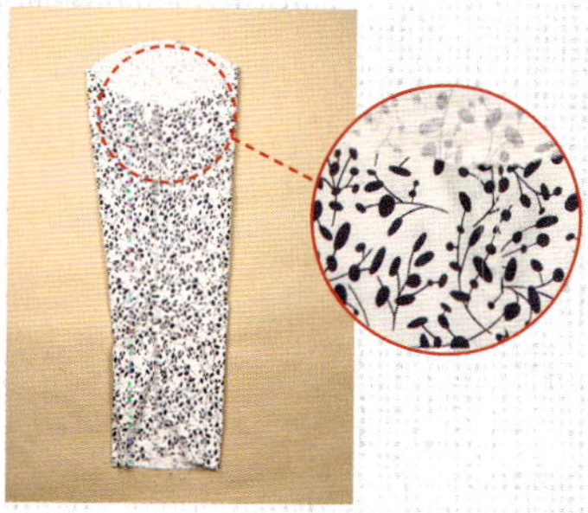

14 将袖子由正面对折车缝后，缝份同上依包缝份方式收缝份。

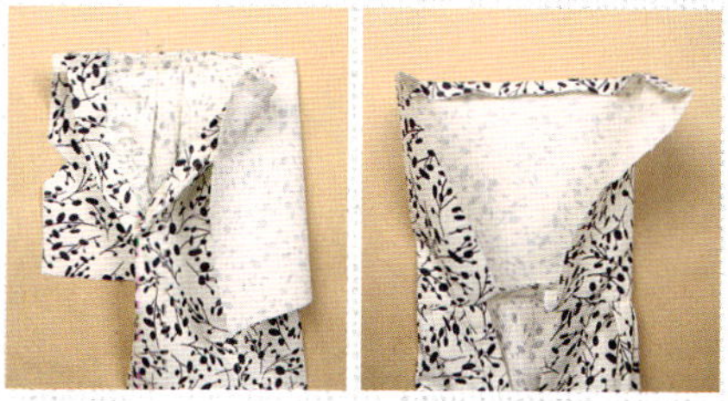

15 接缝袖口布。其缝份倒向袖口。

16 袖口布背朝外，对折车缝。

17 翻正面压固定线。完成单袖的接缝，需完成2份。

18 袖子与衣身接合，由正面接缝，并完成包缝份的动作。

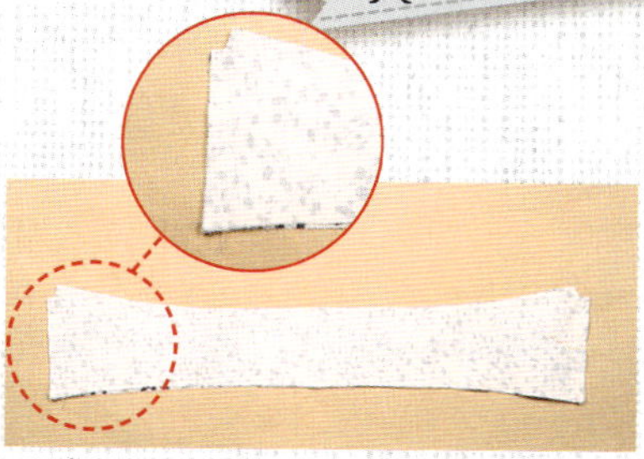

19 领子：2片领面烫洋裁衬取中心点正面相对，车缝ㄇ形三边。如图两角边剪牙口。

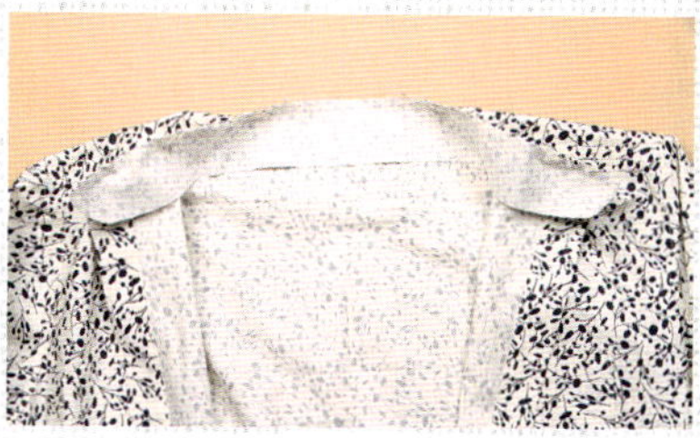

20 领台布烫洋裁衬先接缝于领口处。

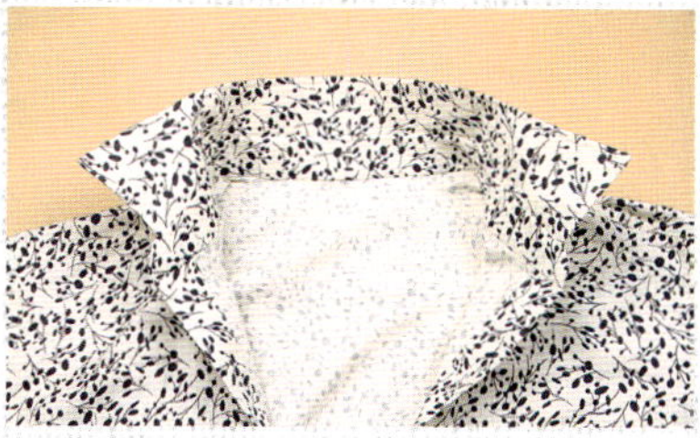

21 接缝领面布。于接缝处车缝压0.1cm装饰线，缝份处烫折后于正面缝一道明线。完成领台与领面的接缝。

22 依纸型上的纽扣记号处开扣眼。再缝上纽扣即完成。

23 完成图。

玫瑰甜美
小洋装

初秋的阳光，有些温馨、有些浪漫，
就用玫瑰花布来缝制小洋装吧！
特别的领口设计、后开式的纽扣，
可以单穿也可内搭，伞状的下摆，
最能俘获小女孩的心，
开心得只想转圈圈。

- 作品设计 / 黄美芳老师 ●教学摄影、情境摄影 / 天堂1881时尚手作
- 小模特儿 / Sophia、Sydney（双胞胎）
- 编辑 / Tammy ●美术设计 / 林巧佳
- 完成尺寸：斜肩宽24cm，身长48cm ●附原尺寸图

裁片准备

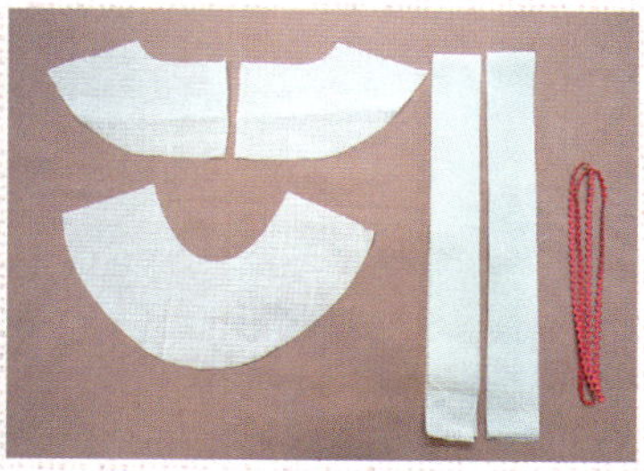

- 前领片1片
- 后领片2片
- 衣身前裁片1片
- 衣身后裁片2片
- 绑带50cm×5cm2条

材料准备

- Tilda棉布90cm
- 水兵带约180cm
- 珍珠贝扣子7颗

How to make

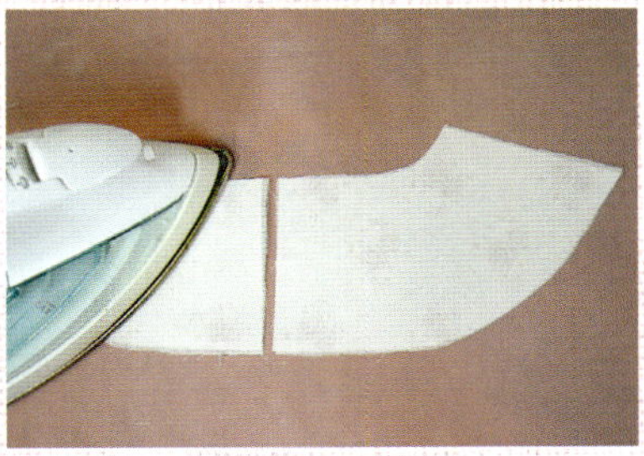

1 取前后领片、后裁片，分别烫上布衬。

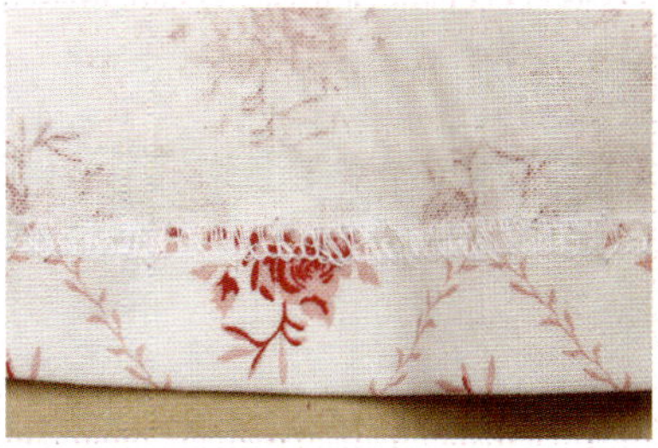

2 依布衬位置将贴边往内烫平，再将下摆及贴边拷克。

3 取前、后裁片用大针脚缩缝领圈。

4 取滚边条对折烫平，与衣身正面相对车合袖圈。

5 将缝份修小，于布的正面邻边车缝上装饰线。

6 取绑带反面车缝份0.5cm，翻正面烫平，再将其车缝固定于后片斜边。

7 将前、后片正面相对车合胁边。

8 缝份烫开并拷克，再将滚边条往内烫平，以邻边线车缝固定。

9 将领片与衣身依记号点，正面相对车合固定。缝份倒向领子的方向烫平。

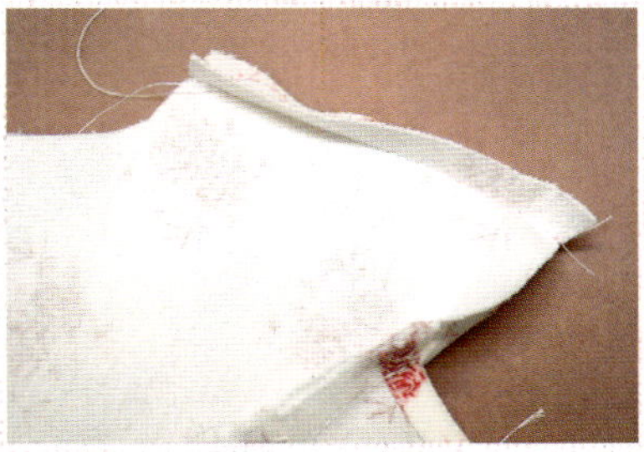

10 将领片正面相对，车合肩线，缝份烫开。

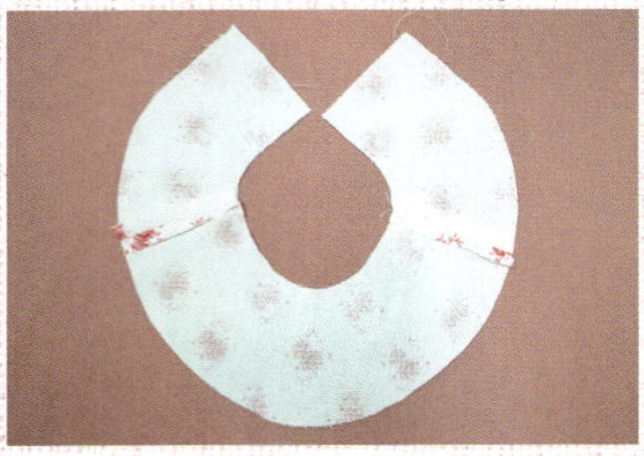

11 另一组相同做法。

12 依纸型记号将领片与下摆的水兵带车缝固定。

13 取领片的贴边与领片正面相对车合领圈。

14 翻正面，缝份倒向内片，再于正面使用5号压布脚压邻边线。

15 将领内片外围缝份往内烫平，珠针固定，于正面邻边线车缝固定一圈。

16 下摆缝份往内烫平，于后片下摆将贴边外翻为反面，再车合固定。

17 下摆反面使用盲针车缝固定。

18 取缎带车缝固定于蝴蝶结布上后，对折车合缝份0.5cm，翻正面烫平，并绕成一圈，中间先固定缝。

19 取4cm×6cm的布片缝份内烫，再对折烫平，于正面两侧压装饰线后，绕蝴蝶结中间一圈手缝固定。

20 再固定于前片中心。

21 开扣眼，缝上扣子。

22 完成可爱小洋装。

欧风宫廷袖长外套

洋装式的长版外套，特殊的宽版七分袖设计，让整件外套更添宫廷式的奢华，也彰显了整个人的柔美和优雅气质！

裁片准备

▲表布：上前片×2
里布：上前片×2

▲表布：上后片×1
里布：上后片×1

▲表布：下前片×2
里布：下前片×2

▲表布：下后片×1
里布：下后片×1

▲表布：袖子×2
里布：袖子×2

▲后领贴边×1、前领贴边×2、袖口贴边×2、前下摆贴边×2、后下摆贴边×1

材料准备

- 表布270cm(幅110cm)
- 里布180cm(幅110cm)
- 2.5cm扣子 5个
- 透明接着衬

- 压布脚：#1、#3A、#5

使用机型：
BERNINA550

作品设计、做法文字 / 隆德贸易有限公司 李青绮老师
情境摄影 / 詹建华　教学摄影 / 汤巧伶　编辑 / Tammy
美术设计 / 林巧佳　Size / F　附原尺寸图

How to make

1 将前领贴边与里上前片接合(请对准合印记号）。

2 将后领贴边与后上前片对准合印记后接合。

3 将袖口贴边与袖子对准合印记号接合。

4 将前下摆贴边与里下前片接合(请对准合印记号)。

5 将后下摆贴边与里下后片接合(对准合印记号)。

6 将以上所有接缝的裁片缝份皆倒向里布，并使用压布脚#5压装饰线。

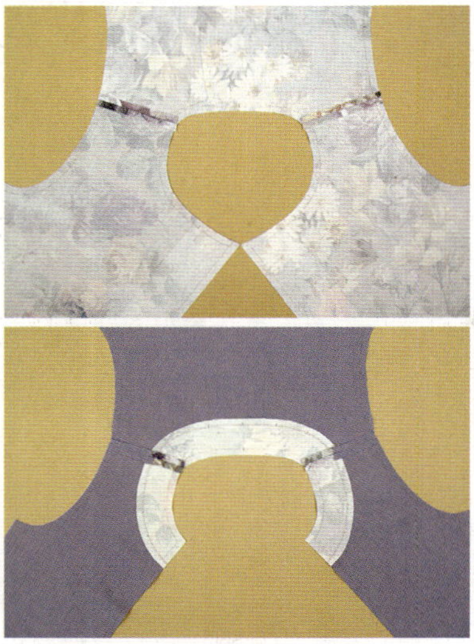

7 将表布与里布的前、后上身裁片的肩线缝合，并将缝份烫开。

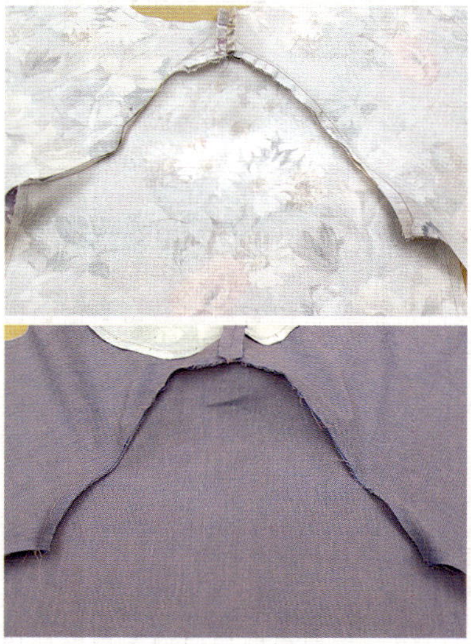

8 接合表布与里布的袖子，并将缝份倒向袖子。

9 接合上、下身片的胁边，分开接合并将缝份烫开。

10 打褶子，将表布与里布的褶子车缝固定。褶子倒向中心。

11 将表布与里布的上、下身裁片缝合。

12 将缝份倒向上身片后，翻回正面，再车缝压装饰线。完成外套的接缝。

13 组合外套的表、里布，正面相对，先车合前中心。

14 将缝份倒向里布后，由正面使用压布脚#5车压装饰线。

15 车合领围，并于弧线处剪牙口。

16 车合袖口一圈。

17 接着将下摆车合一圈，但需要在后中心处留返口。

18 整件翻回正面后，使用压布脚#3A开扣洞，缝上扣子。再用压布脚#5车压装饰线。

19 最后于领围、袖口、下摆处车压0.7cm装饰线。完成。

作品设计、教学摄影 / 天堂1881时尚手作 情境摄影 / Eki Han 模特儿 / 周柔安 编辑 / Tammy 美术设计 / 林巧佳 完成尺寸：肩宽36cm，身长76cm 附原尺寸图

超显瘦 长版背心

百搭的长背心，
适合一年四季，值得拥有一件，
简洁的裁剪，可单穿也可内搭，
尤其是腰间抽绳设计，更能修饰身形，
兼具时尚感。

裁片准备

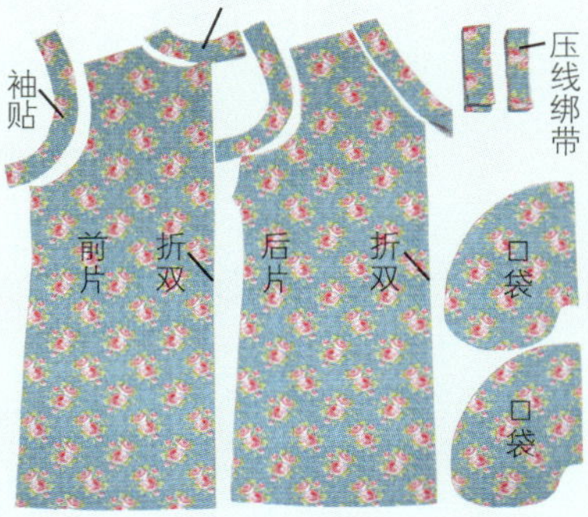

材料准备

· Tilda棉布180cm

压条	绑带
· S：3cm×96cm	40cm×140cm
· M：3cm×102cm	40cm×150cm
· L：3cm×110cm	40cm×150cm

How to make

1 依纸型裁出各裁片，再内贴烫衬，并拷克处理。

2 前身裁片车合胸褶线，褶尖打结处理。

3 前后裁片正对正车合肩线，将缝份拷克烫开，领内贴同样做法。

4 取领内贴与衣身正对正车合领圈。

5 缝份修剪为0.5cm，在前领圈尖角处剪一刀离间处0.1cm。

6 领缝份倒贴边，正面车邻边线一道，再将贴边内折烫平。

7 取前后袖贴，正对正车合肩线，缝份处拷克烫开。

8 与衣身正对正车合袖圈，缝份修小倒向贴边烫平。

9 于正面车缝一道邻边线。

10 将衣身正面相对车缝斜边，留口袋位置不车，缝份拷克烫开。

11 取口袋布与前后缺口车缝，上下各留1cm不车，缝份拷克车缝。

12 将两片口袋正对正车缝，缝份拷克。

13 制作腰间压条布片，利用压条将缝份往内烫平。

14 依纸型位置，将压条车缝固定于衣身。

15 将下摆缝份往内烫平，再将缝份翻0.5cm烫平，取#5压布脚车缝下摆。

下摆放大图

16 取绑带尺寸缝份内烫，于正面四周车缝固定。

17 使用穿带夹将绑带穿入压条一圈。

18 将领子、袖贴边手缝固定缝份处，整烫后即完成。

拼接的肩线、显瘦腰线设计、搭配经典格子图案，是衬衫的不败款！
一身利落合体的剪裁，让视觉有了拉长的美感。
帅气，也要很有型！

帅气格子衬衫

作品设计\魏廷伃&简雪丽老师
情境摄影\Akira
教学摄影\FIONA
编辑/王义馨
美术设计\林巧佳
完成尺寸：约肩宽36cm，衣长66cm
附原尺寸图

How to make

1 接缝前片肩上的接片。将V形部分的缝份烫折后直接压缝于前肩上。

2 接缝后肩的接片。同上。

3 车缝口袋袋盖，袋盖片两两相对车缝，留一返口，并在有角的地方剪牙口后，翻回正面。

4 口袋，先烫折缝份1cm。袋口则需烫双折车缝固定。

5 贴缝口袋，左、右前片依纸型位置。先固定袋盖，再车缝口袋片（可以在袋盖二侧钉上铆钉扣，除了装饰外还有加强固定的作用）。

6 接缝左前襟片，将前襟片正面朝下与左前片背面对齐，先车缝0.7cm固定后，再将前襟片向外折0.7cm后，压缝固定(背面、正面)。

材料准备

格子棉布180cm、五爪扣

裁片准备

▲左、右前片

▲后片

▲ A.肩上接片×2
B.口袋袋盖×4
C.口袋片×2

▲后肩上接片×1

▲领子×2　领台×2

▲袖子×2

7 前身片翻正面，缝份内折0.7cm压缝完成接缝。

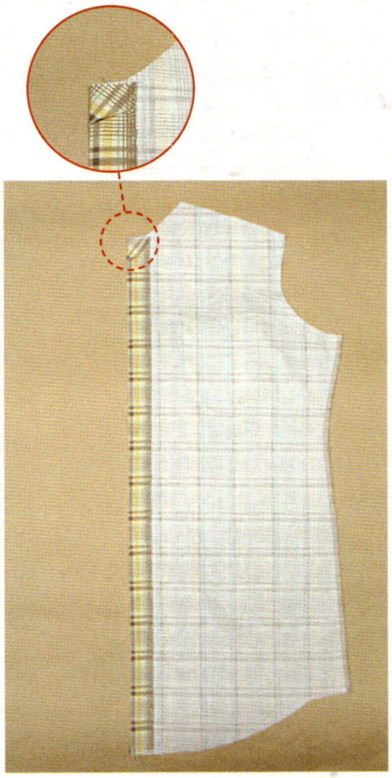

8 右前片的前门襟部分先做拷克，再后折3cm固定车缝。

9 后片裁片的肩膀和胁边，先做拷克处理。

10 前后片接缝，将左、右前片与后裁片接缝肩线与胁边。

11 收下摆，将下摆烫2折0.6cm后车缝。

12 组合袖子，先将袖衩片依纸型位置车缝至止点，再将两片中间处剪开。前端剪Y形。

13 将袖衩片的缝份先烫折，后背面翻至正面(如图)。

14 抓出三层的角，再一起车缝固定于衩片的上方。

15 烫折缝份，再翻回正面车压两侧。完成袖衩片。

16 袖口依记号处打活褶。

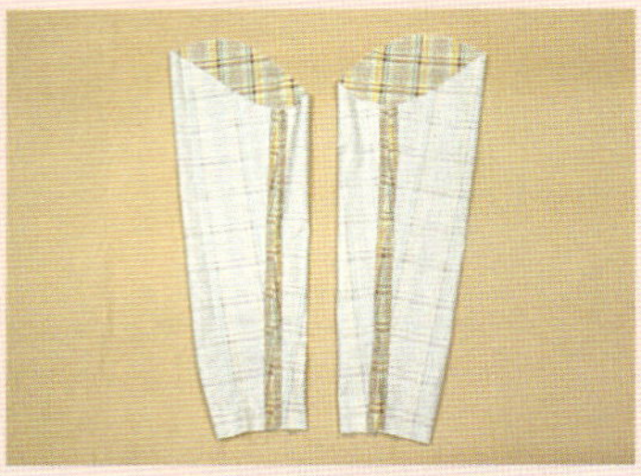

17 袖子胁边做拷克，并接缝。

18 接缝袖口一圈。

19 将袖子翻回正面，袖口折缝份1cm后，对折车缝两侧。注意，接缝处，如图，上面要比下面多出约0.1cm。

20 由袖口正面接缝处压缝明线，袖口则压0.5cm固定装饰线。

21 接合袖子与衣身，套入后正面相对车缝1cm后，并拷克。

22 将领面烫薄洋裁衬取中心点正面相对，车⊓形三边，二角边剪牙口再翻正面，待用。

23 取一片领台片烫洋裁衬，先车缝于领围处。

24 再将另一片领台片连同领子一起夹车。注意缝份的车缝。如图。

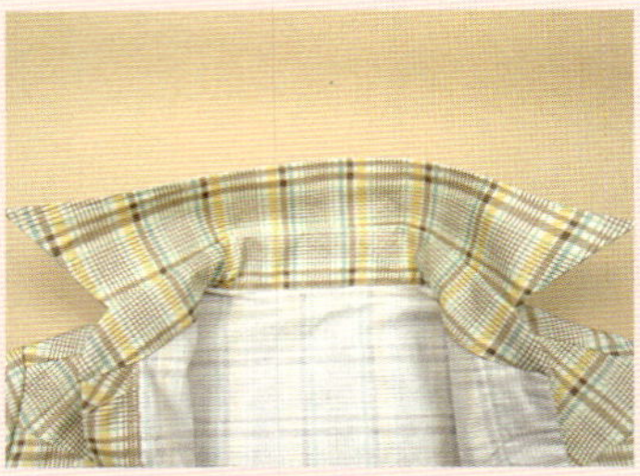

25 将领面翻回正面，缝份折好对齐两片领片，于正面做落针压缝，完成领台与领面的结缝。

26 钉上五爪扣，完成。

完成图

河南科学技术出版社
精品图书推荐

更多精彩图书请登录：
http://www.hnstp.cn

定价：68.00 元

定价：49.00 元

定价：39.00 元

定价：39.00 元

定价：36.80 元

定价：36.00 元

定价：49.00 元

定价：25.00 元

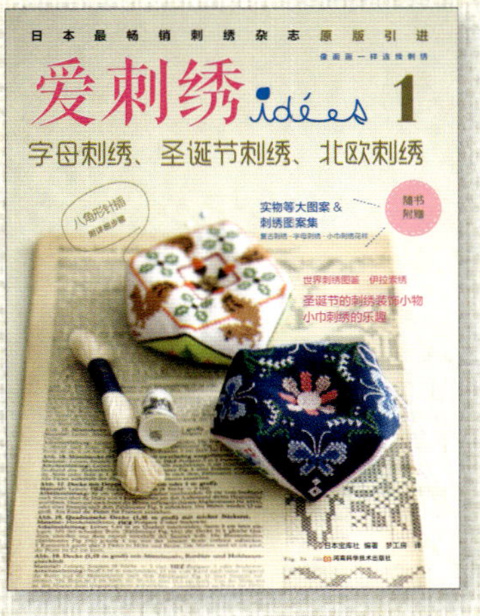

定价：45.00 元

定价：45.00 元

定价：36.00 元

2014“玩美杯”首届中国国际手工艺术（拼布）大赛作品专辑

2014年5月18日，为期三天的中国国际手工文化创意产业博览会在河南郑州完美谢幕。同期举办的2014“玩美杯”首届中国国际手工艺术(拼布)大赛共收到中韩两国和中国台湾地区的作品140多幅，其中原创壁饰类36幅、拼布小物类110多幅。参赛作品题材广泛、内容丰富，下面展示部分获奖作品，获奖作者首次将设计构思、工艺流程公布于众，为初学者提供学习拼布的方法。

2015“玩美杯”第二届中国国际手工艺术大赛已经启动。欢迎登录玩美手工网www.5349diy.com提交作品。

蝴蝶妈妈

作品尺寸：230cm × 230cm

壁饰类一等奖

淳海霞

（北京）

这件作品的初衷，是想为妈妈60岁生日做一件礼物。选择蝴蝶为主题，是因为在苗族神语里，蝴蝶是世界万物的始祖，预示着新生命的开始；苗家人认为蝴蝶是生息繁衍和美丽的化身，体现“祈蝴蝶妈妈庇佑”的美好愿望。

作品的构图设计：采用传统的对称结构，以太阳纹为中心，运用不同造型的蝴蝶纹向外逐层扩展，其间配以象征吉祥的如意纹。

色彩运用：选了苗族色系中最常见的对比色红、黑、白三色，表现颜色的浓郁和厚重，达到结构均衡、色彩充实的效果。

缝制技法：除了惯用的拼布、贴布、压线，还将苗族的传统绣法——“堆绣”灵活运用于作品的边框装饰中，呈现立体生动的效果。

图中三角形为堆绣技法

中国灯笼

作品尺寸：178cm × 218cm

壁饰类二等奖

孟峰（鞍山）

作品于2013年11月底完成简单构图，同时搜索用布，偶尔听听音乐，十分享受制作的过程。灯笼起源于两千年前的西汉时期，当时的人挂起红灯笼以示庆贺、吉祥及团圆。

作品以机缝为主，使用了少量植物染布料，运用了拼接、自由绣、编条、贴布、绘画的技法，来表现不同的细节。在构图上使用了4个古典建筑的窗棂图案，窗棂中挂满了4组不同风格的灯笼，每组5个，总计20个灯笼。分别为表现江南小院、山水、荷花等景色的国画风灯笼，设计有钱形纹、剪纸、福字纹、窗花等纹样的中国红灯笼，制作有中国龙、缠枝纹等图案的青花风灯笼，写有“春”“福”等字样的琉璃黄灯笼。整体色彩运用中国红、琉璃黄、青花蓝、棕黄色、象牙色五种颜色，最后以“祥云纹”图案的自由压线制作完成。

灯笼的制作

1 设计灯笼图案。

2 先从简单的灯笼小作品开始制作。

3 “春”字灯笼的制作。

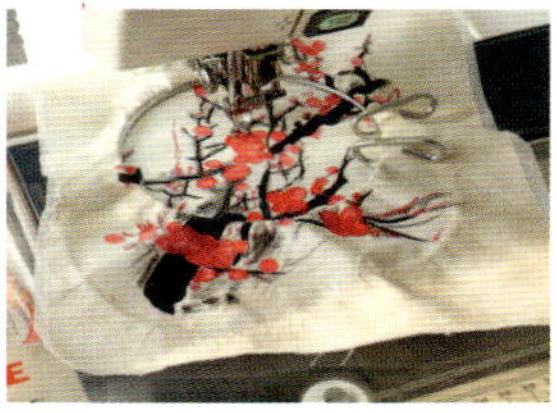

4 梅花图形的国画风灯笼的制作。

5 灯笼表布完成后的半成品。

6 20个灯笼全部制作完成。

秋香

作品尺寸：215cm × 175cm

壁饰类三等奖

张桂娟（唐山）

1.表布结合使用了彩绘玻璃和Mola的拼布技法，先将图案简单疏缝在布上。

2.表布做好后，疏缝并机缝压线。

剪纸，有着浓厚的中国味道，红色更具有喜庆的民俗风格，剪纸的线线相连形成美丽的图案。酷爱手工的我，常常看着剪纸出神，一张红纸，能剪出那么漂亮的图案，好可惜落在一张纸上，那么美妙的设计，好想把它捧到我的布上。可是，缝缝补补的手工作品，不同于剪纸，要考虑到缝份，只有设计与手工方法相结合，才能产生适合布艺的剪纸作品，这幅作品，就是初试品。

1

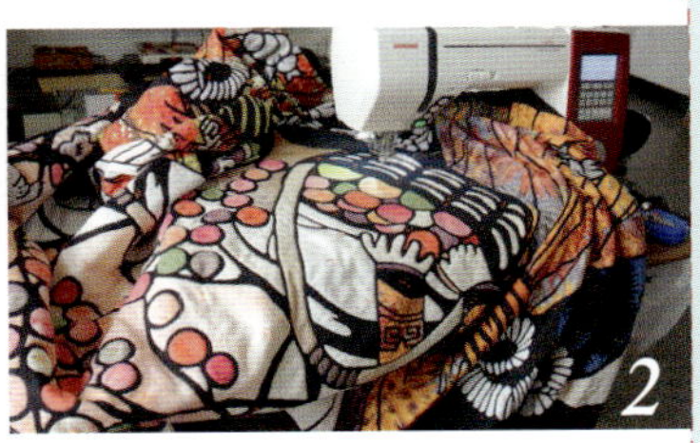

2

花灯

作品尺寸：190cm×160cm

壁饰类三等奖

故乡的老屋

作品尺寸：47cm×46cm

小物类三等奖

董进（青岛）

2014年5月，我的两幅作品《花灯》和《故乡的老屋》参加了2014年“玩美杯”首届中国国际手工艺术（拼布）大赛，分别获得了壁饰类和小物类的三等奖。对于自学拼布的我来说，这无疑是最大的鼓励。

元宵节夜空中随风摇曳的花灯，那氤氲弥漫的光晕，给了《花灯》这幅作品设计的灵感。在设计过程中，花灯按照近景和远景布局，构思和绘制图纸都很顺利，但怎样让花灯在夜空中“亮”起来，和如何处理光晕成了难点。考虑许久后决定将近景的灯笼采用六角拼接的方法缝制，作为主图之一的金鱼灯用了水波纹拼接来表现鱼鳞。光晕则采用了双层长短不一的各色网纱制作，压线用了彩金线和段染线，作品完成后的效果，自己还比较满意。

《故乡的老屋》在制作时主要想尝试使用新材料。整幅作品除了底布和房屋主体之外，窗棂、树木以及房屋的阴影部分都使用了不同层次的网纱制作，重叠网纱的运用，将中国水墨画中墨的色彩完美地呈现出来，成功地表达了中国画的意境，为整幅作品赋予了全新的中国风。

荷叶田田三用包

作品尺寸：36cm×32cm×12cm

小物类一等奖

蒋絮安（台湾）

包包一向是拼布小物类中最实用、最烦琐，但也最受女性喜爱的作品。在时间短促的情况下，我决定以包包类参加第一届“玩美杯”的拼布比赛。

我居住在台湾龙潭乡间，近日春暖花开，荷塘田田，令我想起中国古诗中“荷叶田田青照水”的景象。这件作品遂以乡居荷塘为构图背景，袋形设计则跳脱传统，尝试结合手提、斜背及后背三项功能为一体，以适应不同场合的使用需求。材料以紫色系渐变先染布为主体布，以大自然丰富颜色的印花棉布为配色布，再搭配一系列紫色和咖啡色的皮件制成。制作采用手工贴布、压线和刺绣等技巧。使整件作品呈现精致细腻的手工质感和创新实用的时尚品位。

过去包袋大多仿照日系古朴配色，或是美式艳丽风格，本作品希望结合台湾生活环境和中国文化内涵，挑战多功能包包的创作，希望成为一件极具个人特色的拼布作品。

光

作品尺寸：50cm×50cm

小物类二等奖

元愫（内蒙古）

作品完成于岁末年初，代表着新的一年向着光奔跑，全身沐浴在阳光之中。2014年4月我辞去了做了11年的网络编辑工作，开始做自己最喜欢的事，当一名拼布作者和拼布老师。这个作品也是送给自己的一份礼物，愿自己在拼布之路上充满阳光，充满正能量。

作品制作共用了3个月的业余时间。在设计之初先找到了喜欢的图案，设想着美丽的鹿自黑暗中向着阳光奔来，身上有从亮到暗明显的颜色过渡。鹿的身体用小方块来表现过渡的颜色，鹿的轮廓则用反贴缝的技法，贴缝后用渐变绣线绣出不同大小的光晕，在自由压线后又用渐变绣线以倒三针的方法压出小光点，使整体效果更生动。

制作步骤

1 制作色彩变幻的基础图案。

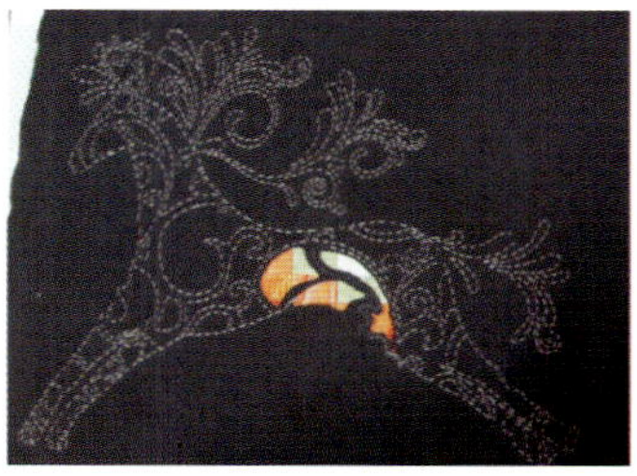

2 用反贴缝的做法边挖图形边贴缝。

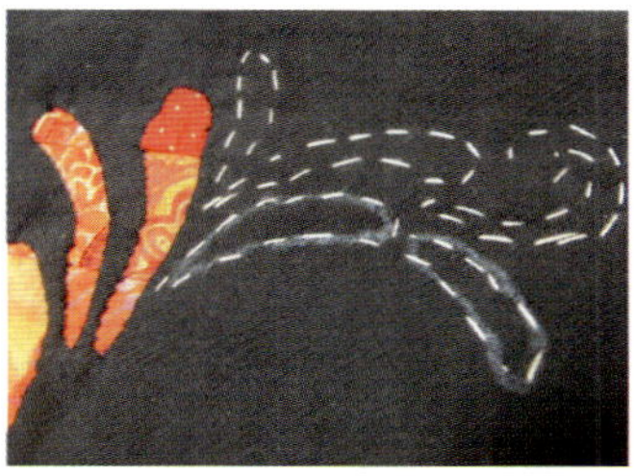

3 细节的处理。

4 完成后压线，并绣出光晕。

彝族之山

作品尺寸：132cm×148cm

最佳设计奖

李叶

（哈尔滨）

作品的创作灵感来源于一条以三角形拼出的色彩缤纷的彝族百褶裙，它的美丽瞬间击中了我的心。我想要用拼布去展现这悠远古老的彝族文化。彝族崇拜太阳、大地、大山与河流，以三色为尊。在古老的彝族文化中，黑色象征大地，红色象征着火与生命，黄色代表温暖的阳光与收获。我设计在多彩太阳下，围绕着黑色大地的重峦叠嶂的群山，用黄色棉线以倒三针的针法贯穿整幅作品，以表现金色的阳光的光芒、富足与收成。整幅作品用守拙的方式，以反复出现的三角形，表现连绵的群山，以退三步进一步的针法，坚韧地前进，亦如这有着山一样坚韧性格的民族。巍峨雄伟的山深深地屹立于这个民族的内心深处，她用布与线把这个民族的山河一针一线展现出来，用布与线来表达我对中华古老彝族的色彩深深的爱。

赞美春的诗歌

作者／陈节老师　尺寸：235cm×200cm

文字提供／陈节老师　摄影／何昱菁　美术设计／陈启予
单元协助／布能布玩拼布生活工坊（台中河北店）TEL：04-22450079

造型&配色

拼布能广为流传，原因在于它的实用性。拼布除了多了一层布料比单层更具保暖功能外，还有其艺术潜在力，一层层布料的拼合可变化出各种装饰图案。

我们必须了解，形式是固定的，如何创造更新、更丰富、更美的造型图案，也是现代美学追求的目标，从传统里创新，内容包含色彩和形状，使拼布作品传达视觉想象。

选择花布的素材时，不妨以所要表达的感觉来配色。以高彩度的主花布，给人具有艳丽、丰富、热闹的感觉。配色以同色系颜色，从明度与彩度的高低对比，顺应造型的变化，使主花布更能吸引目光。

指引

各种色彩的明亮度不一样时，其视觉也会产生不同的感觉，我们可将这种感觉以造型动律来表达。

在这绿色调的主色里，放入少量的黄色和紫色使色彩平衡，在明亮度与造型上有了变化，也有了丰富感。

作者 / 陈节老师
尺寸：186cm × 166cm

大地春华

作者/徐铧祯
尺寸：186cm×166cm

配色的运用因人而异，主要是追求色彩的和谐与稳定性。而在拼布的配色应用上通常强调主题造型，使得富有罗曼蒂克玫瑰花朵表达出舒适感觉，更衬出高雅。

湛蓝花海

使用中间色调与明显的蓝调花布和谐地搭配，可减轻视觉对强烈色彩的不适。以中间色彩衬出优雅风味，而且更耐受。

作者 / 苏怡绫

尺寸：186cm × 166cm

夏日风情

作者／陈节老师
尺寸：78cm×78cm

向日葵花的橙色，就能表现出一种活力。利用不协调的构图使画面有律动感觉，配色时通过黑、白色的适当调整，以缓和鲜艳的色彩，提升舒适的活力。

察觉色彩

随着时间的推移，自然界的生物也会跟着产生各种色彩的变化。

例如：花园里的生物会因季节变化带来不同的拜访者，树木的年轮是岁月的记录。

时间让花朵早上盛开，晚上凋谢。阳光使阴影改变位置，让影子产生不同的形状。

四季气候的变化让色彩呈现不同视觉感，所以色彩无时无刻不影响着我们日常生活。

文字提供／陈节老师　摄影／何昱菁　美术设计／陈启予
单元协助／布能布玩拼布生活工坊（台中河北店）TEL：04-22450079

玫瑰圆舞曲

夏日天气炎热潮湿，是充满阳光活力的季节，这时植物生长更能凸显大地色彩的丰富。让代表夏日色彩的红玫瑰与绿叶相对比，辉映出夏季热烈的情感。

作者 / 陈节老师
尺寸：130cm × 148cm

黄色玫瑰

凡・高说过，黄色是一种金子的色彩，是另一种太阳的创造色。鲜黄色的玫瑰使大地呈现出灿烂的景象，令人心情明媚，心理上产生快乐的活力。

作者 / 唐莹
尺寸：130cm×148cm

瑰丽人生

作者 / 李青绮
尺寸：136cm × 119cm

桃红色给人活力四射的感觉，格外引人瞩目。为让颜色有沉稳的感觉，可以与玫瑰色组合，加入浅的珍珠贝粉色，可产生协调美，没有可怕的冲突性，产生不凡的效果。

暖暖三角拼被

好喜欢赖在被子里的感觉哦！闻着自己熟悉的味道，
在这微凉的季节里，享受着舒服的暖意。
窝着、赖着，仿佛整个城市都在跟我一起打哈欠！

●作品设计 / Moya's Workshop ●情境摄影 / 詹建华 ●编辑 / Tammy ●做法绘图、美术设计 / 林巧佳 ●完成尺寸：约 150cm × 180cm

材料

※做法以红灰白色拼被为例。
※作品缝份皆为0.7cm。

材料	尺寸
表布4色	三角形2色各90cm
	小边条2色各180cm
大边条	113cm×180cm、13cm×210cm各2条
后背布	160cm×190cm
滚边	6cm×690cm
铺棉	160cm×190cm

裁布

1. 先裁出20cm的2色三角形布片。
三角形：先裁20cm×110cm2色各3条，再裁高20cm正三角形2色各20片
小边条：6cm×180cm，2色各14条
大边条：13cm×180cm2条（短边）、13cm×210cm2条（长边）【需视表布完成后，量测平均长度与宽度再行修裁】

2. 准备两个高为20cm与33.5cm正三角形量版（以透明塑料板制作）

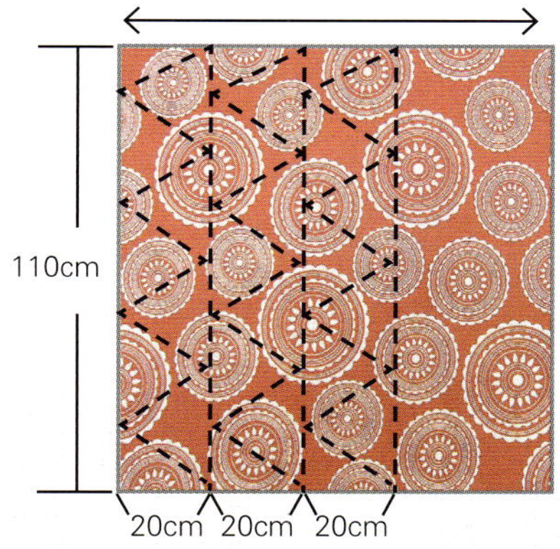

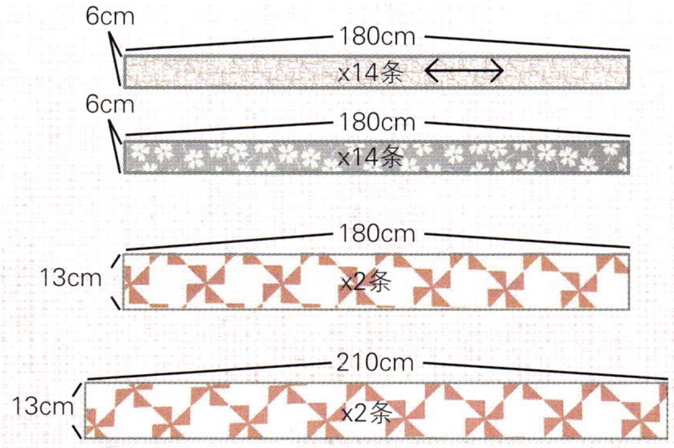

做法

1. 先将三角形与小边条正面相对车缝。

2. 三角形往上翻整烫，缝份倒向三角形。

3. 沿三角形斜边裁掉多余小边条。

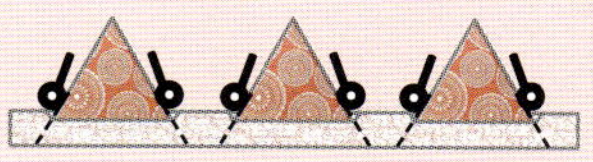

4. 同步骤1~3车缝第二条斜边，并裁掉多余小边条。

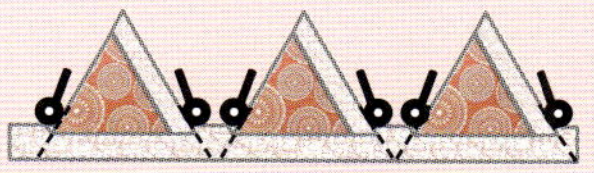

5. 同样完成第三条斜边。

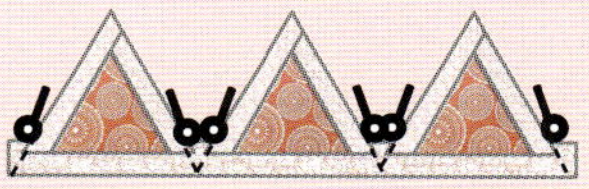

6. 整烫好后再测量修整，以免因车缝整烫过程中拉扯而变形。
完成的三角形，侧边长度为38.68cm（含缝份）。

建议可利用透明塑料板制作成测量型版，内侧三角形为高17.9cm、边长为20.65cm（完成尺寸）；外侧三角形为高33.5cm、边长38.68cm(含缝份)。

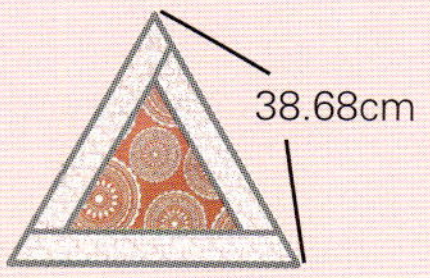

7. 重复步骤1~6准备另一组配色的三角形。

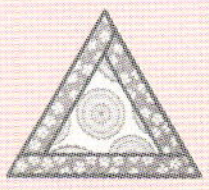

8. 将三角形上下配置好，侧边对齐两两相接。

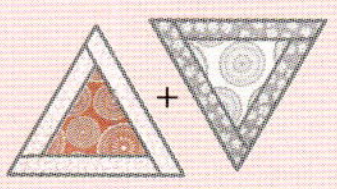

9. 再将车缝好的每一组接起，并确认接合后的上、下边都在同一条水平线上。

10. 同步骤8~9，分别完成五排。

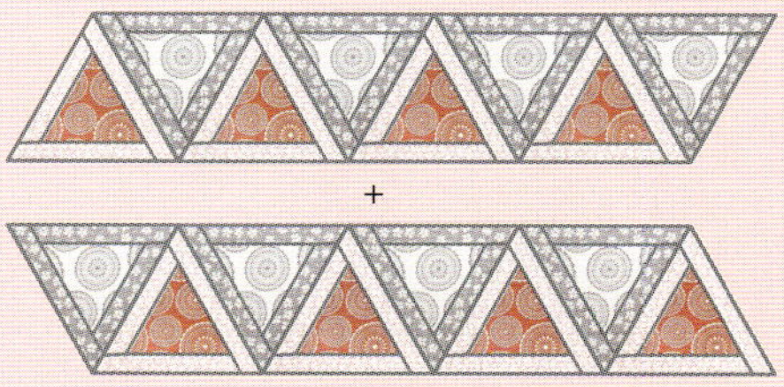

11. 将五排分别上、下接合。

12. 裁去两侧多余布料，对准接合点并留缝份0.7cm。

13. 接上大边条。

14. 准备铺棉、后背布，三层一起先以米字法疏缝(铺棉要比表布大，后背布则要比铺棉大)。

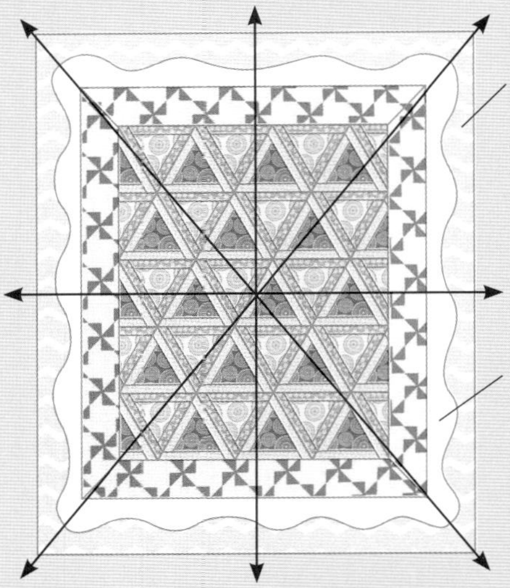

15. 可沿接缝线做压线。

16. 依喜好完成压线后，再校对一次尺寸，并裁掉多余的缝份与铺棉。

17. 裁滚边条，做滚边处理，即完成。

【车缝Tips】

本作品主要以60度角的三角形组合而成，非常容易因为车缝或整烫过程中的拉扯而造成变形，因此须特别注意小边条、大边条的取布、裁布须以直布纹为主。

【疏缝Tips】

1. 不同的作品与布纹取向，采用不同的疏缝方法，本作品因为多为斜布纹，因此以米字搭配井字疏缝。

2. 将底布整烫并以胶布将四边固定于桌面上，覆盖铺棉之后，再将表布置于铺棉之上。将空气由中央往外排出，以针线疏缝，先以作品中心为起点，向外做米字疏缝。

3. 米字疏缝完后撕除固定后背布的胶布，以单手压作品中心，另一手小心将作品四面翻起检查后背布是否平整。

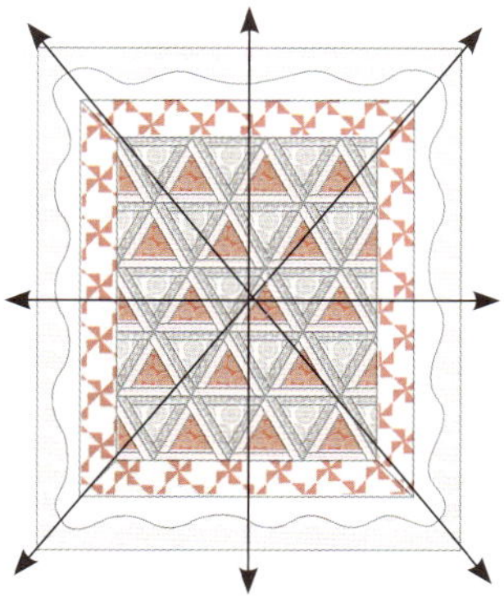

4. 接着以十字疏缝线的左右两侧各15cm向外做直线疏缝。

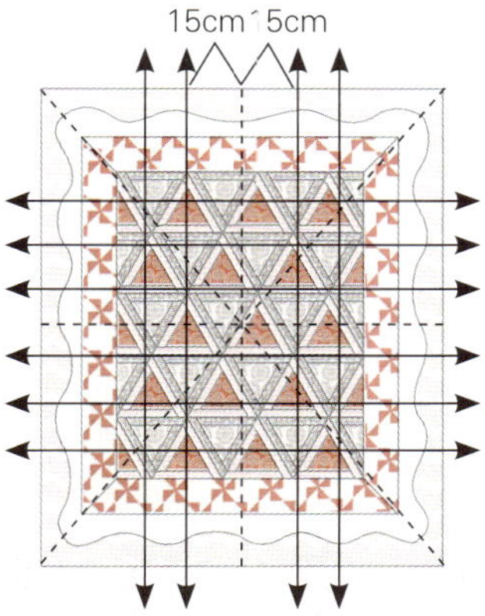

5. 再于两条线的中间疏缝一至两道，让每条疏缝线的距离为5～7cm。

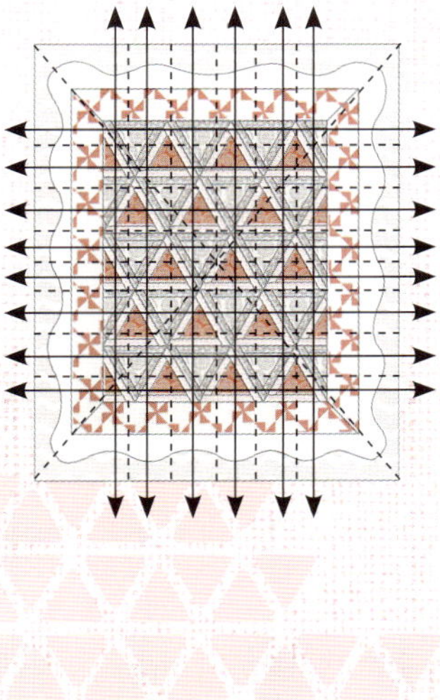

6. 最后于大边条上疏缝完成，才进行压线。压线完成后，于滚边位置再疏缝一次，然后滚边。这样可以避免作品边缘呈波浪状，不平整。

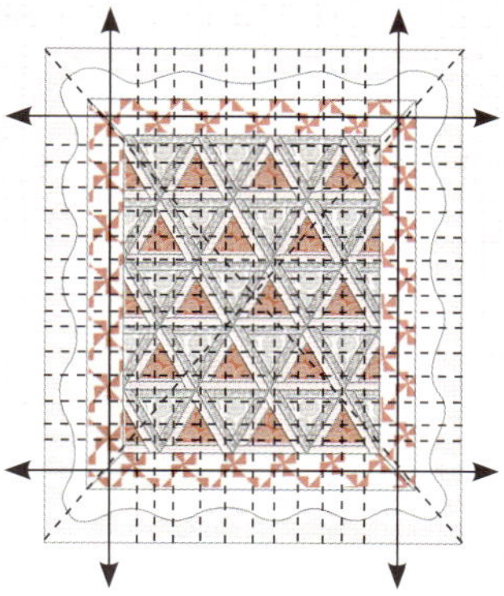

【压线Tips】

1. 利用均匀送布齿做直线压线。

▼先利用落针压线将作品大范围线条固定。

▼再于三角形内离边1cm压线。

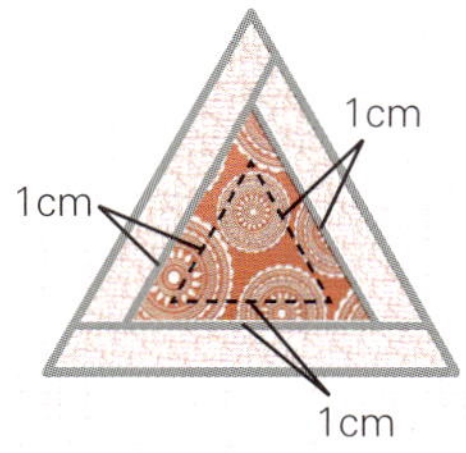

▼最后在边条压上相对应的三角图形。

2. 利用自由曲线压脚做曲线压线。

▼先以变径螺旋圆弧将羽毛中心线画在作品上，再补上两侧羽毛图样，然后以自由曲线压脚进行压线。

【其他造型配色应用参考】

▼桌巾

▼桌旗

▼无小边条简易版

作品欣赏

三角形
几何小被毯

采用柔和的粉嫩色彩拼接出舒适的小被毯，
易于携带的尺寸，是最简单也是最温馨的安抚小品！

• 作品设计 / Moya's Workshop • 情境摄影 / 詹建华 • 完成尺寸：约110cm×130cm

英式挂画风
方块拼被

清晨，天空露出冬日淡淡的白。
冷冬，舍不得离开带着温度的被窝，
于是披着这充满插画的明亮拼被，
我喜欢赤脚转圈圈。

● 作品设计／Moya's Workshop ● 情境摄影／林宗亿 ● 编辑／Tammy ● 做法绘图、美术设计／林巧佳 ● 完成尺寸：约140cm×170cm

材料

材料	尺寸
表布(方块)5色	各60cm
表布(小边条)1色	180cm
后背布	160cm×190cm
滚边	6cm×630cm (斜布条)
铺棉(羊毛棉)	150cm×180cm

裁布

※须注意布纹方向。↕为直布纹。

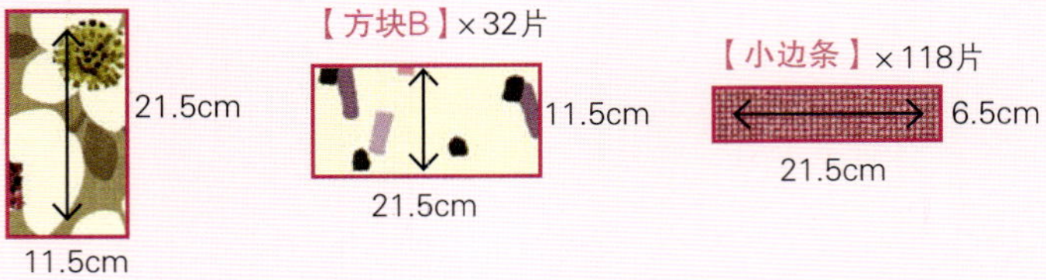

做法

1. 将所有方块A左、右先与小边条相接，缝份整烫倒向小边条。

2. 再将左、右接好小边条的方块A上、下与小边条相接，缝份整烫倒向小边条。

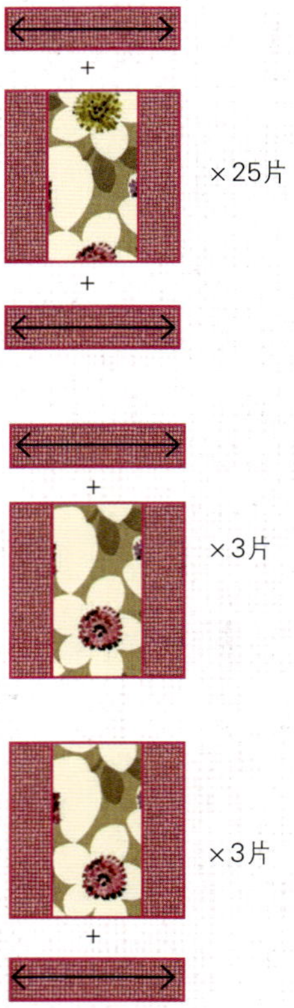

3. 将接好小边条的方块A与方块B相接，缝份整烫倒向小边条。须注意拼接顺序。

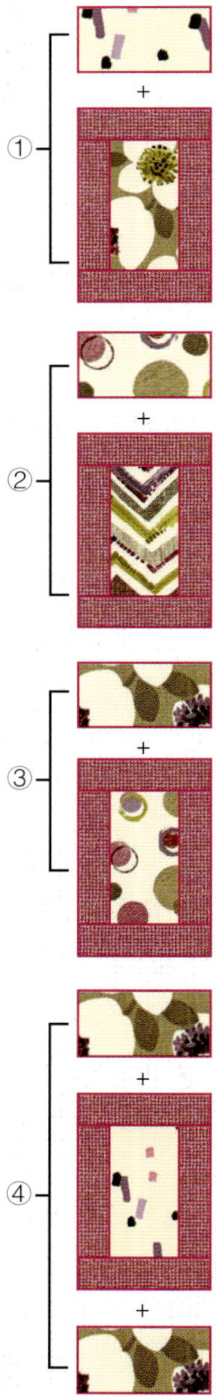

◀先分别拼接好①、②、③、④。再将①、②接合，③、④接合。最后将①+②与③+④接合。

4. 第二条拼接顺序如下图。

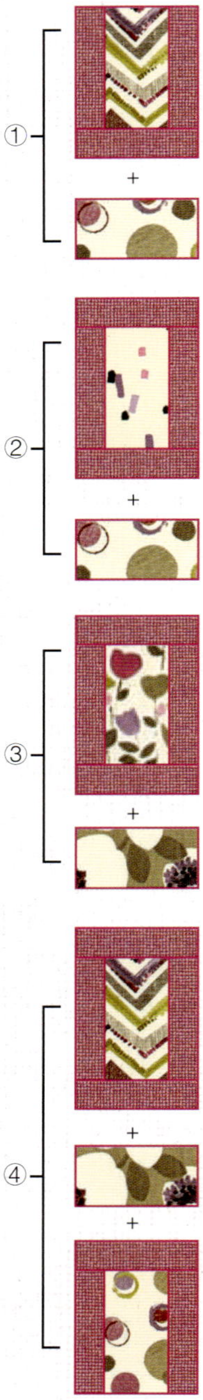

◀先分别拼接好①、②、③、④。再将①、②接合，③、④接合。最后将①+②与③+④接合。

5. 重复步骤3与4，共完成7排。

6. 再依序将每排接合，须注意拼接顺序。

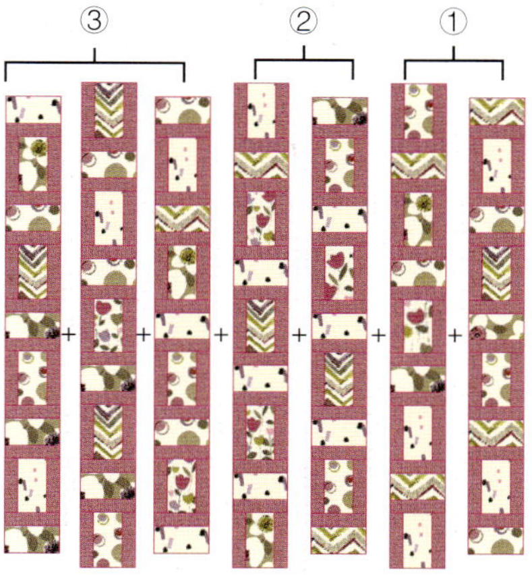

▲先分别拼接好①、②、③。
再将①、②接合，最后①+②与③接合。
接合时须避免长布条垂落地上，以免过度拉扯造成变形。

7. 接合后，将上下多余部分裁掉。

8. 铺棉、疏缝、压线、滚边，即可完成。

完成图

【疏缝Tips】

由于本作品以接合处落针压线为主，因此在压线路径两侧各2cm处做疏缝处理。

▲先做米字疏缝，再由中央往外做井字疏缝。

【压线Tips】

初学者可直接于每排接合处以均匀送布齿做落针压线。
压线皆需单一方向(由上往下)，并且由中央开始，一条一条往外侧依序压线。

直向压线：

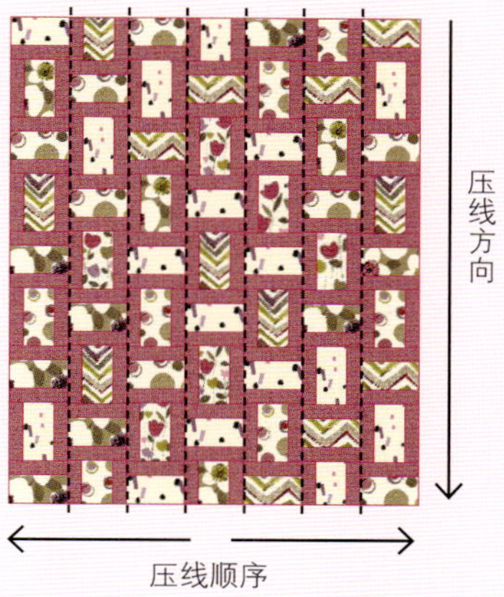

横向压线：

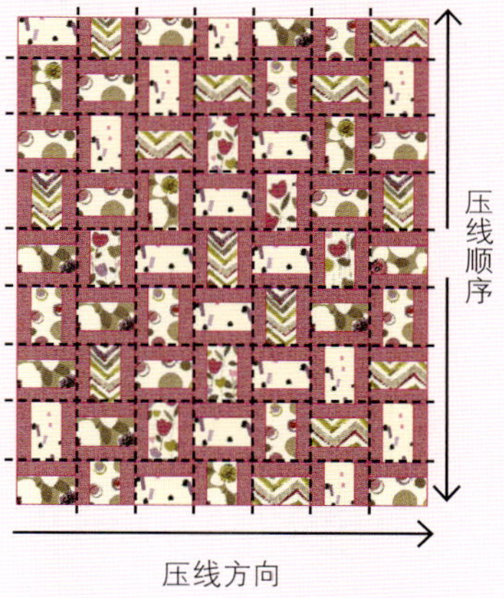

★进阶者可尝试只针对方块边缘做落针压线，或是于方块周边做花样压线，但须于起针、收针时做收线处理。

【其他应用参考】

1. 拼被的四角容易因为使用而磨破，因此完成作品滚边时，建议以圆角处理。

2. 本作品灵感来源于英式居家装潢中流行的照片挂画，因此非常适合利用有丰富图案的套布，取图做方块A与B，再以配色布作为小边条，完成风格独具的挂画风拼被。

作品欣赏

泡泡梦小被毯

从一个城市到另一个城市，圆角的被子总一路跟随，安心地回到熟悉的地方，脱下满身的累，
做个充满彩色的泡泡梦。然后，再出发！

作品设计 / Moya's Workshop　情境摄影 / 林宗亿　完成尺寸：约110cm×130cm

Orange Peel × Tilda 经典壁饰

拼布高等科的壁饰图形，
有着完美弧线的拼接，
用北欧气息的温柔，
制作出Orange Peel的色彩品味。

◆作品设计／隆德贸易有限公司 许爱敏老师 ◆情境摄影／萧维刚 ◆编辑／刘芝颖 ◆美术、做法绘图／韩欣恬 ◆完成尺寸：约长73cm，宽73cm ◆附原尺寸图

HOW TO MAKE

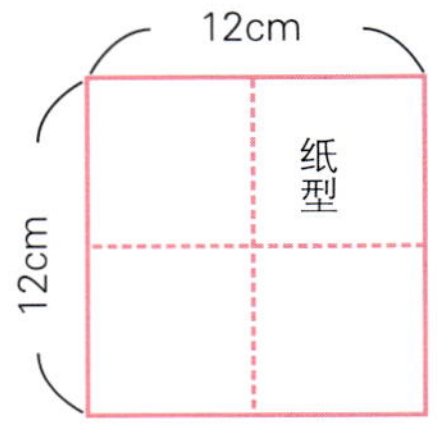

1. 制图：先画出一个12cm×12cm的正方形。取中心点。

材料：
主体布
边条布
配色布
后背布
铺棉
双面接着衬
装饰扣

布料		数量
配色布	12cm×12cm	25片
表布	60cm×60cm	1片
背布	75cm×75cm	1片
边条布	9cm×72.5cm	4片
铺棉	75cm×75cm	1片
滚边条	约300cm	1条

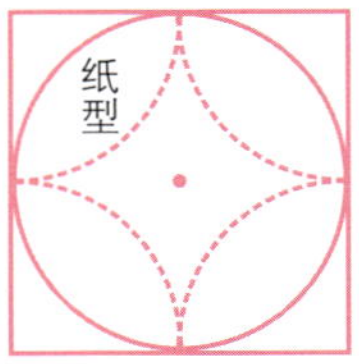

2. 利用圆规，先画1个圆，再以半径的距离画出4片叶子。

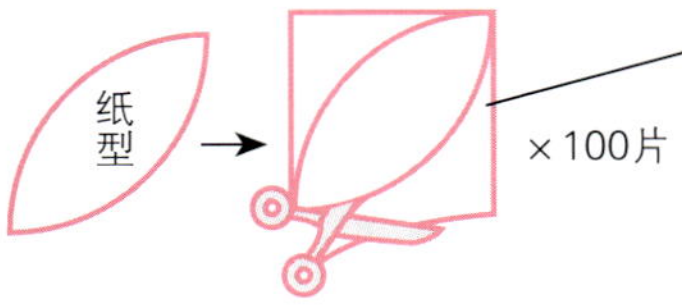

3. 依序将纸型剪下，并描于奇异衬(双面接着衬)上。

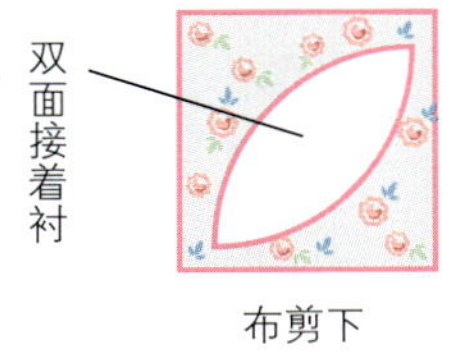

4. 一组需4片叶子，共需25组，共100片叶子。

5. 准备各色配色布，将奇异衬烫于布片上。再依序剪下。

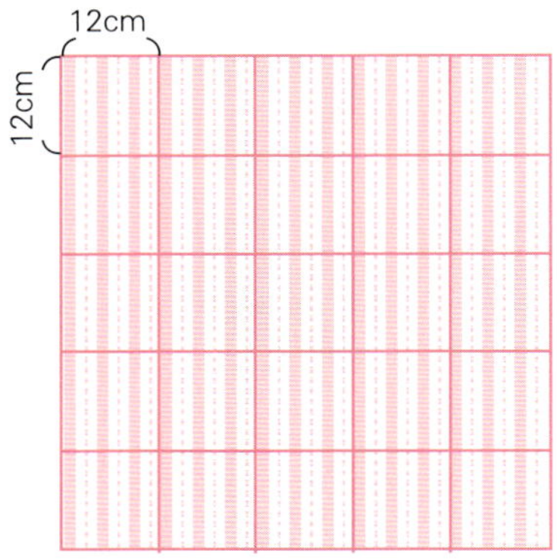

6. 准备60cm的表布，先以12cm为一单位画出参考线。

7. 将步骤5剪下的布片撕下背胶，再依参考线位置依序烫贴上。

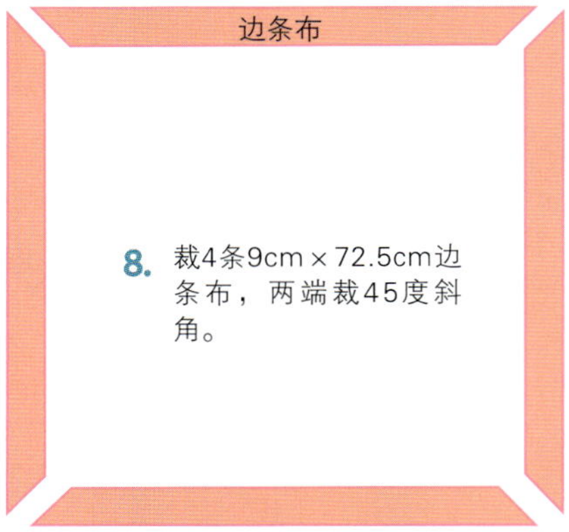

8. 裁4条9cm×72.5cm边条布，两端裁45度斜角。

9. 接缝于60cm的表布四周。

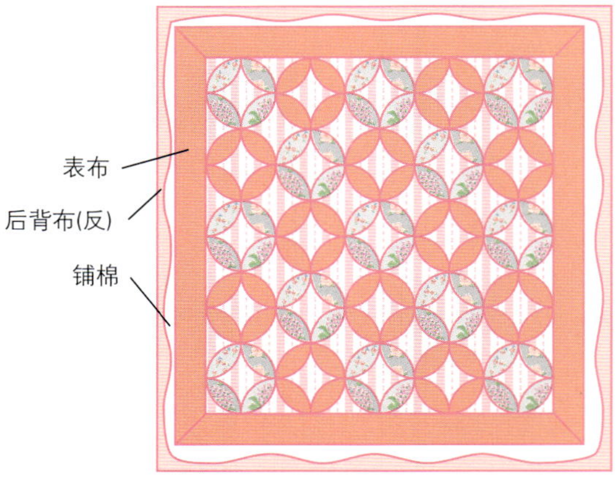

10. 以喷胶将表布、铺棉及背布三层一起重叠固定。

HOW TO MAKE

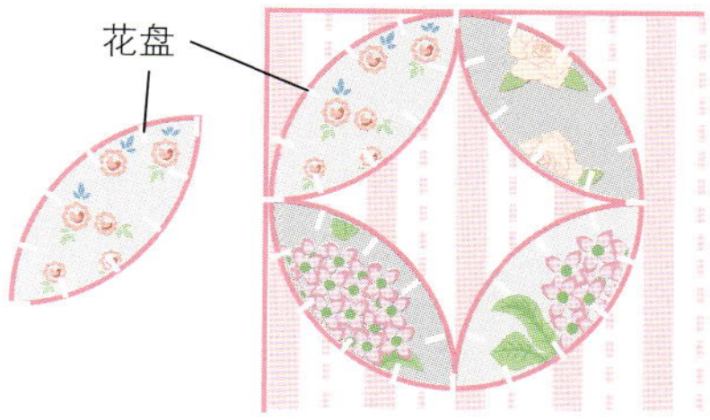

11. 压线，以毛毯边花盘压缝叶子固定。

12. 边条压自由曲线。

13. 待全部压完后，剪掉多余的铺棉与里布。▶

14. 四周以滚边条包缝。

15. 最后将每组叶片的中心再缝上装饰扣。

Tilda Fabric

NO.22A–100728

NO.22A–100586

NO.22A–100722

NO.22A–100717

NO.22A–100716

NO.22A–100715

NO.22A–100723

NO.22A–100720

NO.22A–480582

NO.22A–480568

作品
欣赏

Orange Peel × Hobbyra Hobbyre抱枕

高质感的liberty小布块配上Hobbyra Hobbyre的经典图案，拥抱座椅的柔软姿态，提升家中的舒适气氛。

◆完成尺寸：约45cm×45cm

小木屋田园花篮壁饰

小木屋L形的排列组合，
是拼接顺序的基本课程，
能借由有规律的组合变换色彩
成为最佳图腾的呈现。
只要中间主题稍加变化，
便更能彰显花卉的立体感。

◆作品设计 / 隆德贸易有限公司 许爱敏老师 ◆情境摄影 / Rocky
◆编辑 / Crol ◆美术、做法绘图 / 韩欣恬
◆完成尺寸：约长73cm，宽73cm ◆附原尺寸图

材料：主体布、边条布、配色布、后背布、铺棉、双面接着衬、装饰扣

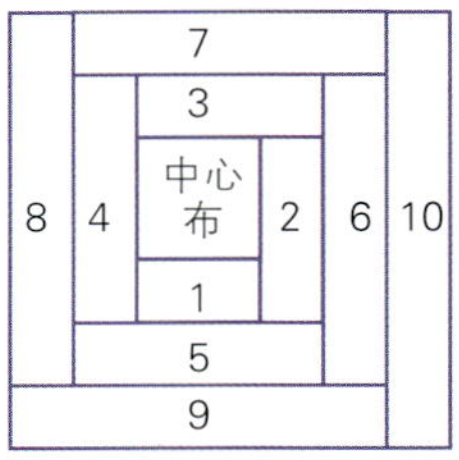

1. 先制图，画出小木屋的拼接顺序。

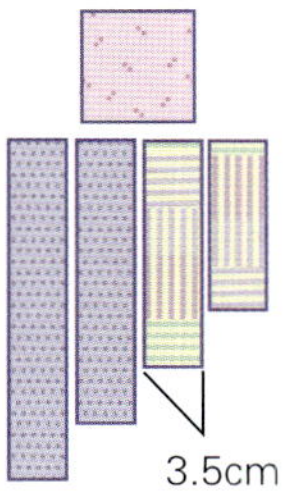

2. 先裁出中间正方形的布片，再裁各种3.5cm宽的配色布，长度不限。

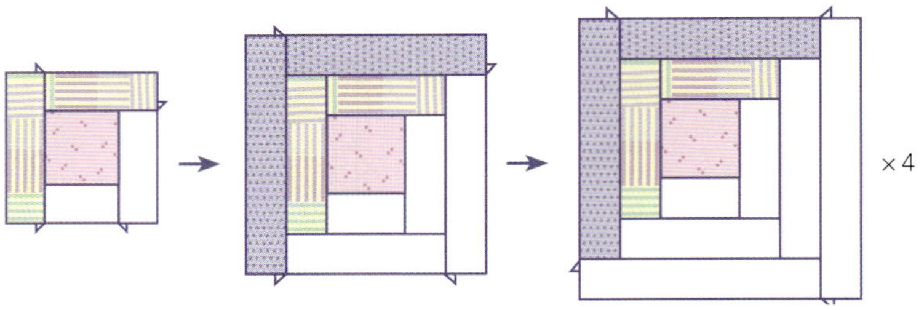

3. 以正方形布片为中心，并依拼接顺序一边接一边，再裁齐至完成一组小木屋的拼接。共做4组。

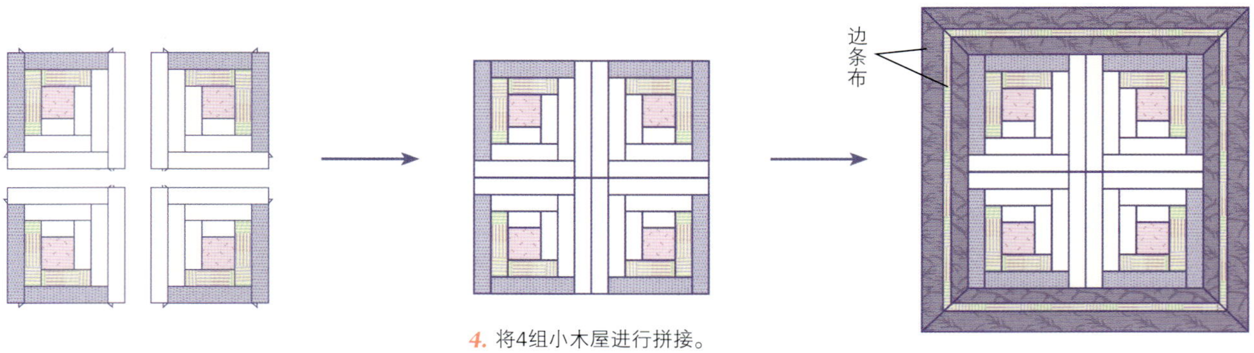

4. 将4组小木屋进行拼接。

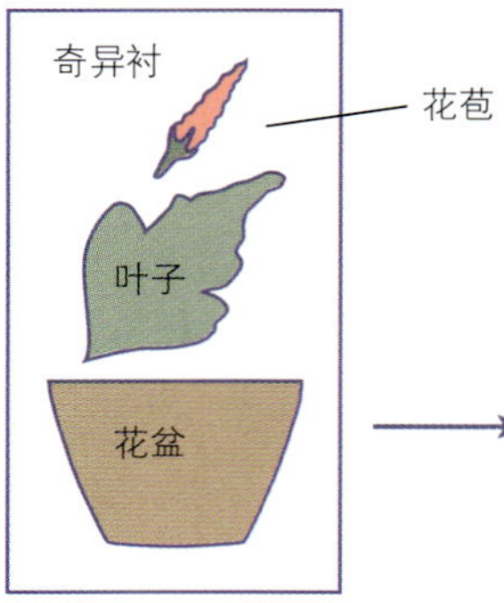

5. 制作花盆、叶子、花苞等，依纸型画于布片上，再烫贴于奇异衬上。

6. 撕下背胶，将花盆、叶子及花苞等贴于主体布的相对位置上。

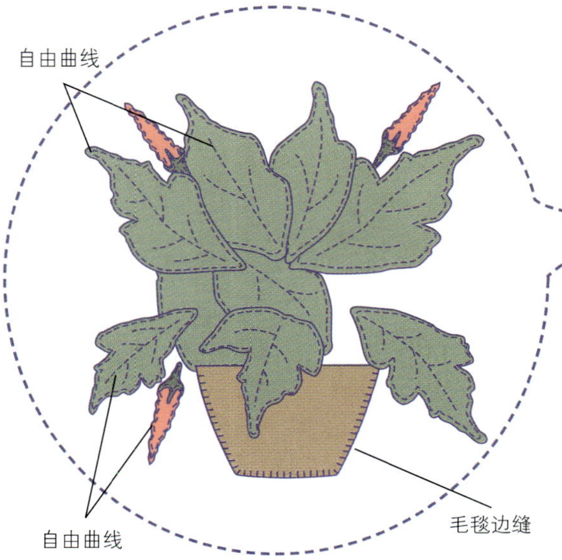

图案位置示意图

7. 利用毛毯边缝车缝固定轮廓边。

8. 以自由曲线车缝叶脉、花茎等装饰。

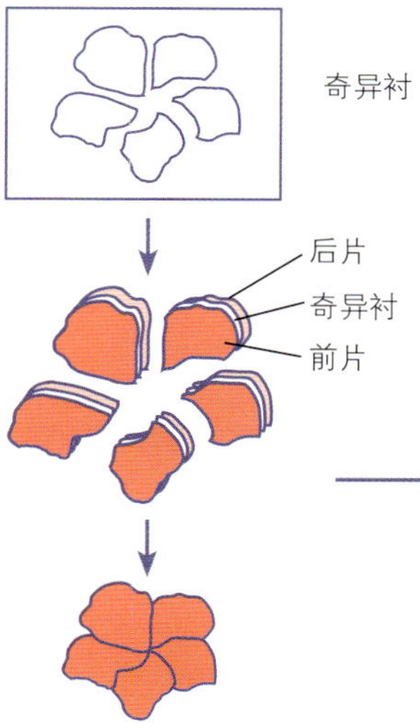

9. 制作立体花朵，先将花朵纸型画在奇异衬上，再烫贴于2片布上并黏合，剪下花瓣形状。

图案位置示意图

10. 置于表布适当位置，同样可用自由曲线车缝花蕊，中心点再固定车缝上麻绳，做成中间的花心。

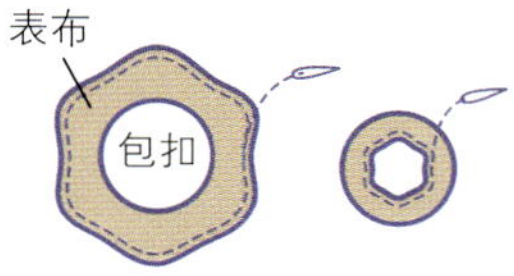

11. 制作包扣，将包扣布片缩缝后，贴缝于适当位置。

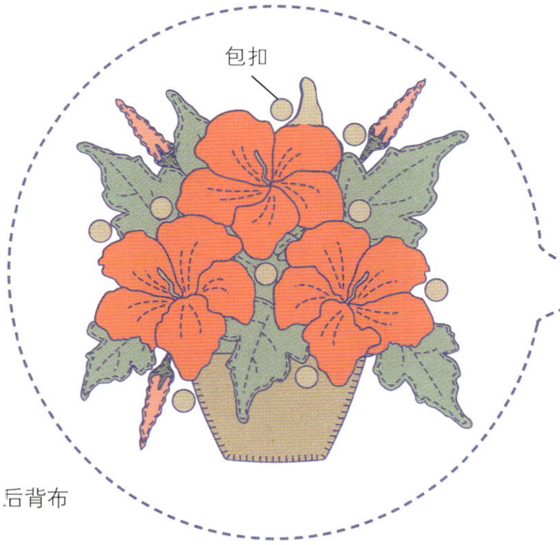

图案位置示意图

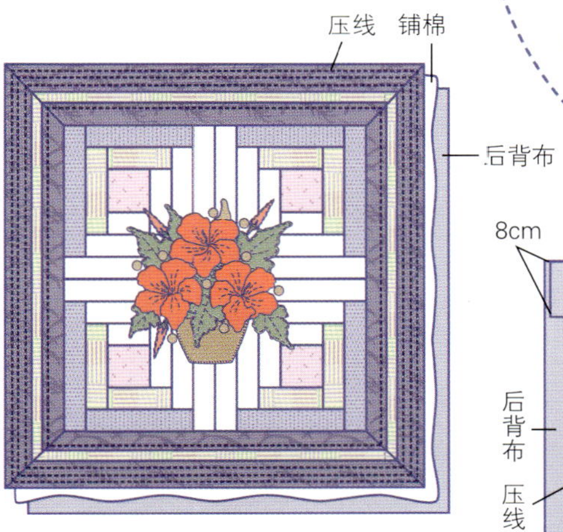

12. 准备表布、铺棉、后背布，三层一起车缝落针压线。

13. 裁后片挂布约69cm×20cm对折后，车缝两侧，翻回正面。

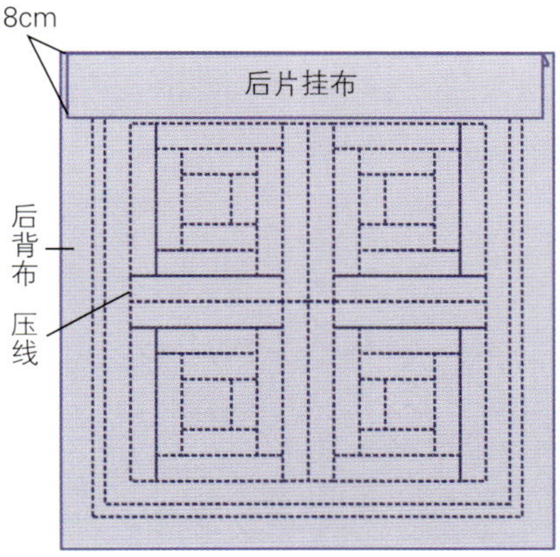

14. 后背布量8cm做基准线，将后片挂布固定于基准线。

15. 准备斜布条，做滚边。
16. 完成滚边。

摄影：Elena
文字编辑、摄影：Hand made 小组
美术设计：陈启予

2013 年休斯敦拼布展

A World of Beauty

2013 年以 A World of Beauty 为主题，在美国得克萨斯州休斯敦展开一年一度深受全球拼布艺术家重视的国际拼布展。

今年展览的最大亮点，是以 Caryl Bryer Fallert 的 30 周年纪念展 (30 Quilts for 30 Years) 为主轴。

Caryl Bryer Fallert 从 1983 年完成第一幅艺术拼布 (art quilt) 到今年刚好 30 年。她的作品最令人惊艳的是在夜光的色彩、光线、深度及物体运行的错觉上展现精湛的技巧，更为她赢得无数的拼布艺术奖项而享誉国际。

此次展览就是将她过去 30 年所完成的作品中挑出最知名的 30 幅作品，全部重新制成边长 30 英寸（约 76.2 厘米）的正方形再一次完整公开亮相。接下来将会做为期两年的全美巡回展览。

除了欣赏各位拼布艺术大师的作品之外，我们也要把焦点放在展场中由贴心的厂商所精心营造出的温馨、亮丽的居家风格和各式包款，借由展示也同时激发出参观者将布品落实在生活之中的灵感。

苏姑娘在美丽的世界可爱登场

在一片明亮、色彩丰富的欧美风格拼布外，走低调沉稳、内敛路线的日本拼布更是华人心中的最爱，会场中巧遇以可爱苏姑娘风靡拼布界的加藤礼子老师带领学生到此参展。看到老师熟悉的苏姑娘与比利手牵手的可爱画面，果真有世界大同一家亲的感觉。而学生的作品同样获得了大家的肯定。

加藤礼子老师

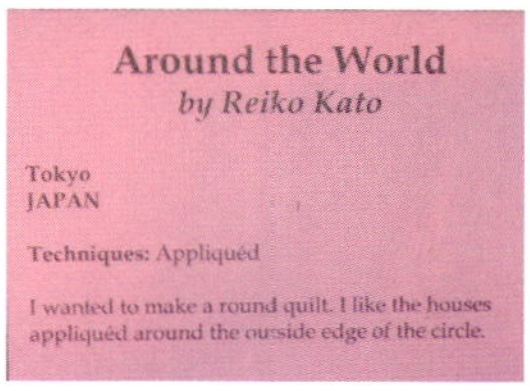

加藤礼子老师
学生 Kazuko Nakasha
作品

明亮清新的色调

如神话般的拼布画

手法细腻贴近人心的作品

美不胜收的参展作品

根据不同展场所呈现的风格，实在令人目不暇接， http://www.quilts.org/winners.html 里有完整的资料哦!

著作权合同登记号：图字16—2013—133

图书在版编目（CIP）数据

巧手易拼布作品精选. 2 / 首翊股份有限公司编著. —郑州：河南科学技术出版社，2014.11
ISBN 978-7-5349-7336-9

Ⅰ. ①巧… Ⅱ. ①首… Ⅲ. ①布料–手工艺品–制作–图集 Ⅳ. ①TS973.5-64

中国版本图书馆CIP数据核字（2014）第218685号

出版发行：河南科学技术出版社
地址：郑州市经五路66号 邮编：450002
电话：（0371）65737028 65788613
网址：www.hnstp.cn
策划编辑：刘 欣
责任编辑：梁莹莹
封面设计：张 伟
责任印制：张艳芳
责任校对：柯 姣
印 刷：北京盛通印刷股份有限公司
经 销：全国新华书店
幅面尺寸：214mm×285mm 印张：11 字数：370千字
版 次：2014年11月第1版 2014年11月第1次印刷
定 价：49.00元

如发现印、装质量问题，影响阅读，请与出版社联系并调换。